计算机应用案例教程

张志勇 主编

科学出版社

北京

内 容 简 介

　　全书共分为 3 部分，第 1 部分实践操作，主要包括 Word 2010 案例操作、Excel 2010 案例操作、PowerPoint 2010 案例操作，共计 85 个案例；第 2 部分理论基础知识，主要包括计算机基础知识、算法与数据库和计算机工具应用；第 3 部分综合应用，以计算机综合应用习题的形式，回顾计算机应用案例及基础知识。

　　本书内容丰富，案例典型，讲解详尽，既可作为大专院校相关专业师生或社会培训班的教材，也可作为计算机爱好者的自学用书和参考用书。

图书在版编目（CIP）数据

计算机应用案例教程/张志勇主编. —北京：科学出版社，2018.9
ISBN 978-7-03-058303-1

Ⅰ. ①计… Ⅱ. ①张… Ⅲ. ①电子计算机-高等学校-教材 Ⅳ. ①TP3

中国版本图书馆 CIP 数据核字（2018）第 162787 号

责任编辑：戴　薇　王会明 / 责任校对：王　颖
责任印制：吕春珉 / 封面设计：东方人华平面设计部

科学出版社 出版
北京东黄城根北街 16 号
邮政编码：100717
http://www.sciencep.com

三河市骏杰印刷有限公司印刷
科学出版社发行　　各地新华书店经销
*

2018 年 9 月第　一　版　　开本：787×1092　1/16
2019 年 8 月第二次印刷　　印张：17 1/4
字数：393 000
定价：48.00 元

（如有印装质量问题，我社负责调换〈骏杰〉）
销售部电话 010-62136230　编辑部电话 010-62135397-2008

前　言

　　计算机操作能力已经成为当今社会人们必须掌握的一门技能。为了使读者在短时间内轻松掌握计算机各方面应用的基本知识，并快速解决生活和工作中遇到的各种问题，我们组织了一批教学一线老师和业内专家特别为计算机学习用户编写了这本《计算机应用案例教程》。

　　本书属于实例教程类图书，全书分为 3 部分，其主要内容如下。

　　第 1 部分实践操作。该部分主要包括：第 1 章 Word 2010 案例操作，共 30 个常用操作案例；第 2 章 Excel 2010 案例操作，共 30 个常用操作案例；第 3 章 PowerPoint 2010 案例操作，共 25 个常用操作案例，总计 85 个案例，对 Office 办公软件的常用项目进行了详细讲解。

　　第 2 部分理论基础知识。该部分主要包括：第 4 章计算机基础知识，主要讲授 28 个常用知识点；第 5 章算法与数据库，主要讲授 20 个常用知识点；第 6 章计算机工具应用，主要讲授 5 种常用计算机工具的使用方法。

　　第 3 部分综合应用。该部分主要包括：第 7 章综合习题，讲授 12 套综合应用习题，帮助读者回顾课堂上学习的计算机应用案例和计算机基础知识。

　　本书案例内容丰富、结构清晰、实例典型、讲解详尽，富于启发性。为了便于读者学习，如果需要本书相关的教学文件，可以发送邮件到 185626427@qq.com 索取。

　　本书由张志勇担任主编并负责全书主要内容的编写，书中图片由翟一安、王淋、王国红、赵阳、刘天一、裴启佳、李鑫宇协助整理完成。

　　由于编者水平有限，书中不妥之处在所难免，敬请读者批评指正。

编　者

2018 年 6 月

目　录

第 1 部分　实践操作

第 2 部分 理论基础知识

第 3 部分　综合应用

实 践 操 作

第1章 Word 2010 案例操作

本章主要介绍 Word 2010 的应用界面、如何创建并编辑文档、美化文档外观的方法，以及公式编辑器的使用方法。通过本章的学习，读者可以掌握根据需要运用多种命令来创建文档的方法。对于该章知识点的考查主要以文字处理题的形式出现。整章内容联系比较紧密，帮助学生在理解、识记的基础上，综合运用各种操作。

1.1 以任务为导向的应用界面

案例1 设置功能区与选项卡

Word 2010 功能区有【文件】【开始】【插入】【页面布局】【引用】【邮件】【审阅】【视图】等选项卡，如图 1-1 所示。在 Excel 2010 功能区中也拥有一组相似的选项卡，学习时，可与 Word 2010 类比。

图 1-1

案例2 使用上下文选项卡

上下文选项卡仅在需要时显示，从而使用户能够更加轻松地根据正在进行的操作来获得和使用所需的命令。若在 Word 中对图表内容进行编辑，那么选中需要编辑的图表，相应的选项卡才会显示出来，如图 1-2 所示。

图 1-2

案例3 利用实时预览功能

在处理文件过程中，当鼠标指针移动到相关的选项时，当前编辑的文档中就显示该功能的预览效果。

例如，在设置标题效果时，只需将鼠标指针在标题的各个选项上滑过，Word 2010

文档就会实时显示预览效果，这样的功能有利于用户快速选择标题效果，如图 1-3 所示。

图 1-3

案例 4 设置快速访问工具栏

快速访问工具栏是一个根据用户的需要而定义的工具栏，包含一组独立于当前显示的功能区中的命令，可以帮助用户快速访问使用频繁的工具。在默认情况下，快速访问工具栏位于标题栏左侧，包括保存、撤销和恢复 3 个命令。

在日常操作中，若经常使用某些命令，可在 Word 2010 快速访问工具栏中添加所需要的命令，具体操作步骤如下。

步骤 1：打开 Word 2010 操作窗口，单击标题栏左侧快速访问工具栏右侧的下三角按钮，在弹出的下拉菜单中选择【其他命令】选项，如图 1-4 所示。

步骤 2：在弹出的【Word 选项】对话框中，选择【快速访问工具栏】选项卡，然后在【从下列位置选择命令】下拉列表框中选择【常用命令】选项，在命令列表框中选择需要的命令，单击【添加】按钮。设置完成后单击【确定】按钮，即可将选择的命令添加到快速访问工具栏中，如图 1-5 所示。

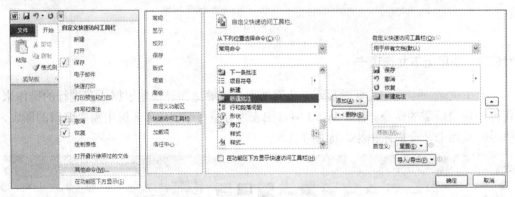

图 1-4　　　　　　　　　　　　　　　　　　图 1-5

案例 5 查看后台视图

在 Office 2010 功能区中选择【文件】选项卡，即可查看后台视图。在后台视图中，可以新建、保存及发送文档，以及对文档的安全控制选项、文档中是否包含隐藏的数据或个人信息、应用自定义程序等进行相应的管理，用户还可对文档或应用程序进行操作。Word 2010 后台视图如图 1-6 所示。

图 1-6

案例 6 用户自定义 Word 2010 功能区

Word 2010 管理器的自定义功能使得用户可以根据日常工作的需要向自定义功能区添加命令，将计算机常用的图标，如计算器、游戏或者文件管理器等添加到工具栏，这样可以使操作更加方便、快捷。具体操作步骤如下。

步骤 1：选择【文件】选项卡中的【选项】命令，弹出【Word 选项】对话框。

步骤 2：在【Word 选项】对话框中选择【自定义功能区】选项卡，单击【新建选项卡】按钮，即可创建一个新的选项卡，如图 1-7 所示。

图 1-7

步骤 3：选择【新建选项卡】下方的【新建组】选项，单击【重命名】按钮，在弹出的【重命名】对话框中选择一种符号，在【显示名称】文本框中输入新建组的名称"开心"，如图 1-8 所示，单击【确定】按钮。

步骤 4：返回【自定义功能区】选项卡，在右侧的【新建选项卡】下可以看到【新建组】的名称已经变成了"开心"，如图 1-9 所示。

图 1-8　　　　　　　　　　　　　　　　　　　图 1-9

1.2　创建并编辑文档

案例 7　输入文本

创建新文档后，在文本的编辑区域中会出现闪烁的光标，表明了当前文档的输入位置，可在此输入具体的文本内容。

安装了语言支持功能后可以输入各种语言的文本。输入文本时，文本内容不同，输入方法也不同，但普通文本通过键盘就可以直接输入。

安装了 Word 2010 软件后，【微软拼音】输入法会自动安装在 Word 中，用户可以使用【微软拼音】输入法完成文档的输入，操作步骤如下。

步骤 1：单击任务栏中的【输入法指示器】按钮，在弹出的列表中选择【微软拼音-新体验 2010】选项，如图 1-10 所示。此时输入法处于中文输入状态。

图 1-10

步骤 2：输入文本之前，在要插入文本的位置单击，这时光标会在插入点闪烁，此时即可开始输入。当输入的文本达到编辑区边界，但还没有输入完时，Word 2010 会自动换行。如果想另起一段，按【Enter】键即可创建新的段落。

案例 8　选择、编辑文本

1. 拖拽鼠标选择文本

拖拽鼠标选择文本是最基本、最灵活和最常用的方法。只需要将鼠标指针放到要选择的文本上，然后按住鼠标左键拖拽，拖到要选择的文本内容的结尾处，松开鼠标左键即可选择该部分文本，如图 1-11 所示。

2. 选择一行文本

将鼠标移至文本的左侧，和想要选择的一行对齐，当鼠标指针箭头朝右时，单击即可选中该行，如图 1-12 所示。

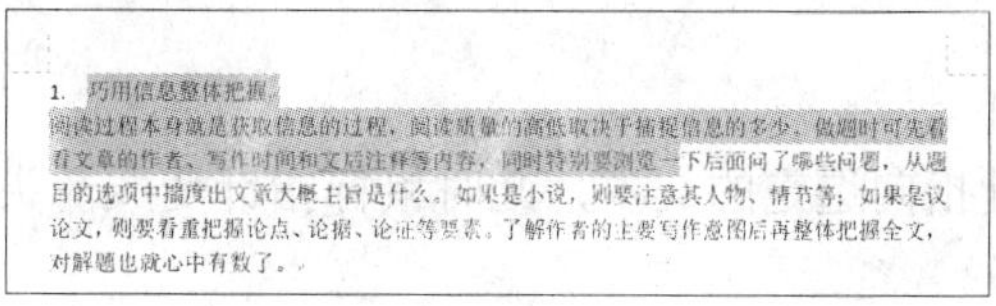

图 1-11 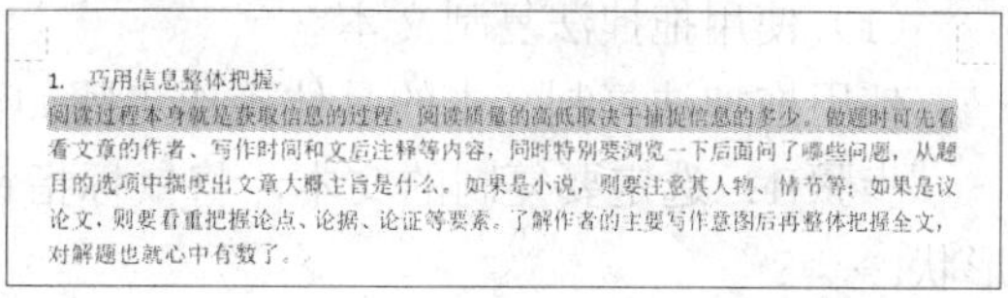　　　　　　　　　　　　　　　　图 1-12

3. 选择一个段落

将鼠标指针移至文本的左侧，当鼠标指针箭头朝右时，双击即可选择一个段落。另外，还可将鼠标指针放在段落的任意位置，然后连续单击鼠标左键 3 次，也可以选择鼠标指针所在的段落，如图 1-13 所示。

4. 选择不相邻的多段文本

按住【Ctrl】键不放，同时按住鼠标左键并拖拽，选择要选取的部分，然后释放【Ctrl】键，即可将不相邻的多段文本选中，如图 1-14 所示。

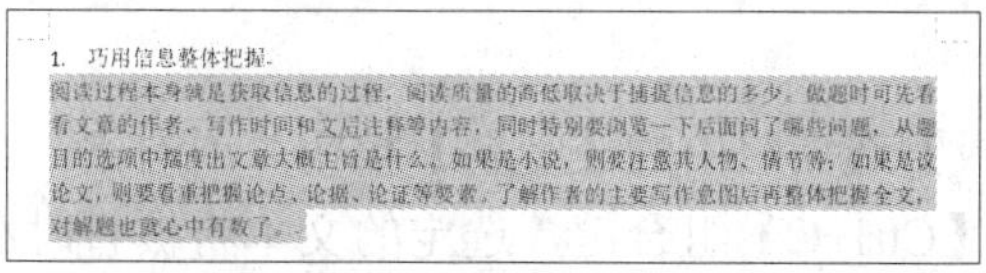

图 1-13 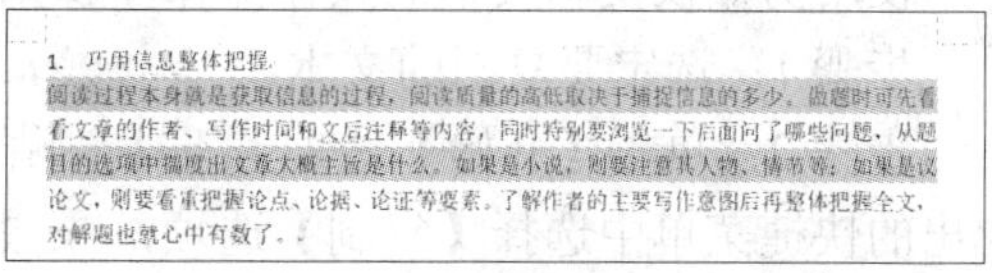　　　　　　　　　　　　　　　　图 1-14

5. 选择垂直文本

将鼠标指针移至要选择的文本左侧，按住【Alt】键不放，同时按住鼠标左键，拖拽鼠标选择需要的文本，释放【Alt】键即可选择垂直文本，如图 1-15 所示。

6. 选择整篇文档

将鼠标指针移至文档的左侧，当指针箭头朝右时，连续单击鼠标左键 3 次（或者按【Ctrl+A】组合键）即可选择整篇文档，如图 1-16 所示。

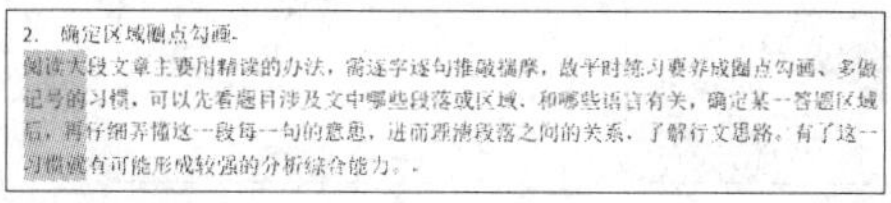

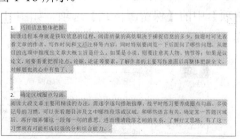

图 1-15　　　　　　　　　　　　　　　　图 1-16

案例 9　复制与粘贴文本

1. 复制文本

（1）使用拖拽法复制文本

使用拖拽法复制文本的具体操作步骤如下。

步骤 1：选定要复制的文本，将鼠标指针指向选定的文本，此时鼠标指针变成箭头形状。

步骤 2：按住【Ctrl】键，然后按住鼠标左键，此时鼠标指针变成带矩形框的箭头形状，并且出现一条虚线插入点，拖拽鼠标时，虚线插入点表明将要复制的目标位置，释放鼠标左键后，选定的文本便被复制到新的位置，如图 1-17 所示。

图 1-17

（2）使用剪贴板复制文本

使用剪贴板复制文本的具体操作步骤如下。

步骤 1：选定要复制的文本。

步骤 2：单击【开始】选项卡下【剪贴板】选项组中的【复制】按钮，或右击，在弹出的快捷菜单中选择【复制】选项，或按【Ctrl+C】组合键，选定的文本将被暂时存放到剪贴板中，如图 1-18 所示。

步骤 3：把插入点移动到要粘贴的位置，如果是在不同的文档间移动内容，则由活动文档切换到目标文档。

步骤 4：单击【剪贴板】组中的【粘贴】按钮，或右击，在弹出的快捷菜单中选择【粘贴】选项，或按【Ctrl+V】组合键，即可将文本粘贴到目标位置。

2. 粘贴文本

步骤 1：在 Word 2010 的工作界面中，选择文件中的部分文字并复制。

步骤 2：将光标定位到要粘贴文本内容的位置，右击，在弹出的快捷菜单中选择【粘贴选项】中的【保留源格式】选项，如图 1-19 所示，即可对复制的文本内容进行粘贴操作。

图 1-18　　　　　　　　　　　　　　　　　图 1-19

案例 10　删除与移动文本

1. 删除文本

最常用的删除文本的方法就是把插入点置于该文本的右边，然后按【Backspace】键。与此同时，后面的文本会自动左移一格来填补被删除的文本的位置。同样，也可以按【Delete】键删除插入点后面的文本。

要删除一大段文本，可以先选定该文本块，然后单击【剪贴板】选项组中的【剪切】按钮（把剪切下的内容可以存放在剪贴板上，以后可粘贴到其他位置），或者按【Delete】键或【Backspace】键将所选定的文本块删除，如图 1-20 所示。

图 1-20

2. 移动文本

（1）使用拖拽法移动文本

在 Word 2010 中，可以使用拖拽法来移动文本，其具体操作步骤如下。

步骤 1：选定要移动的文本，按住鼠标左键，此时鼠标指针变成带矩形框的箭头形状，并且出现一条虚线插入点。

步骤 2：拖拽鼠标时，虚线插入点表明将要复制的目标位置，释放鼠标左键后，选定的文本便从原来的位置移动到新的位置，如图 1-21 所示。

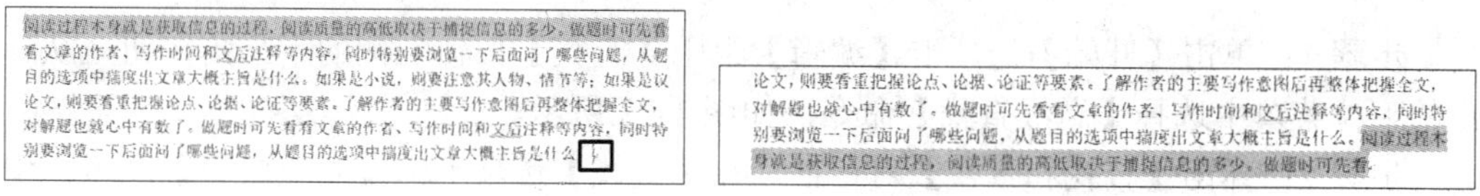

图 1-21

（2）使用剪贴板移动文本

如果文本的原位置离目标位置较远，不能在同一屏幕中显示，可以使用剪贴板来移动文本，其具体操作步骤如下。

步骤 1：选定要移动的文本。

步骤 2：单击【开始】选项卡下【剪贴板】选项组中的【剪切】按钮，或者按【Ctrl+X】组合键，选定的文本将从原位置处删除，并存放到剪贴板中。

步骤 3：把插入点移到目标位置，如果是在不同的文档间移动内容，则由活动文档切换到目标文档。

步骤 4：单击【开始】选项卡下【剪贴板】组中的【粘贴】按钮，或者按【Ctrl＋V】组合键，即可将文本移动到目标位置。

案例 11　自查文档中文字的拼写与语法错误

在 Word 文档中经常会看到在某些单词或短语的下方标有红色或绿色的波浪线，这是由 Word 中提供的【拼写与语法】检查工具根据 Word 的内置字典标示出的可能含有拼写或语法错误的单词或短语（其中红色波浪线表示单词或短语可能有拼写错误，绿色波浪线表示语法可能有错误）。开启此项检查功能的操作步骤如下。

步骤 1：在 Word 2010 应用程序中，单击【文件】选项卡，打开 Word 后台视图。

步骤 2：选择【选项】命令，打开【Word 选项】对话框。

步骤 3：选择【校对】选项卡，选中【键入时检查拼写】和【键入时标记语法错误】复选框，如图 1-22 所示，单击【确定】按钮，即可完成拼写与语法检查功能的设置。

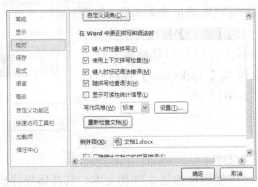

图 1-22

案例 12　查找、替换及保存文本

1. 查找文本

步骤 1：单击【开始】选项卡【编辑】组中【查找】按钮右侧的下三角按钮，从弹出的下拉菜单中选择【高级查找】命令，如图 1-23 所示。

步骤 2：弹出【查找和替换】对话框，在【查找】选项卡的【查找内容】文本框中输入需要查找的内容，如图 1-24 所示。

步骤 3：单击【查找下一处】按钮，此时 Word 开始查找，如果查找不到，则会弹出提示信息对话框，如图 1-25 所示，单击【确定】按钮返回。如果查找到文本，Word 将会定位到该文本位置，并将查找到的文本背景以特定颜色显示。

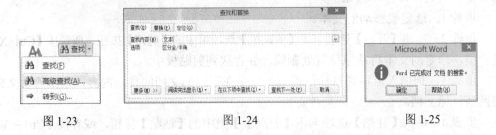

图 1-23　　　　　　　　　图 1-24　　　　　　　　　图 1-25

2. 替换文本

步骤 1：单击【开始】选项卡【编辑】组中的【替换】按钮，如图 1-26 所示，弹出【查找和替换】对话框。

步骤 2：在【替换】选项卡的【查找内容】文本框中输入需要被替换的内容，在【替换】文本框中输入替换后的新内容，如图 1-27 所示。

步骤 3：单击【查找下一处】按钮，如果查不到，则会弹出提示信息对话框，单击【确定】按钮返回。如果查找到文本，Word 将定位到当前光标位置起第一个满足查找条件的文本位置，并以特定颜色背景显示。单击【替换】按钮，即可将查找到的内容替换为新的内容。

步骤 4：如果用户需要将文档中所有相同的内容全部替换掉，可以在【查找内容】和【替换为】文本框中输入相应的内容，然后单击【全部替换】按钮。此时 Word 会自动将整个文档内查找到的内容替换为新的内容，并弹出相应的对话框显示完成替换的数量，如图 1-28 所示。

图 1-26　　　　　　　图 1-27　　　　　　　　　　图 1-28

3. 保存文本

新建文档并输入相应的内容后，应及时保存文档，从而保留工作成果。保存文档不是在编辑结束时才进行，在编辑的过程中也要进行保存。因为随着编辑工作的不断进行，文档的信息也在不断地发生改变，必须时刻让 Word 有效地记录这些变化，以免由于一些意外情况而导致文档内容丢失。

手动保存文档的操作步骤如下。

步骤 1：在 Word 2010 应用程序中，单击【文件】选项卡，在打开的 Office 后台视图中执行【保存】命令（或者按【Ctrl+S】组合键），如图 1-29 所示。

步骤 2：打开【另存为】对话框，选择文档所要保存的位置，在【文件名】文本框中输入文档的名称，如图 1-30 所示。

图 1-29　　　　　　　　　　　图 1-30

步骤 3：单击【保存】按钮，即可完成对新文档的保存工作。

案例 13　设置文档的打印参数

1. 打印文档

步骤 1：在 Word 2010 应用程序中，单击【文件】选项卡，在打开的 Office 后台视图中执行【打印】命令，如图 1-31 所示。

步骤 2：在后台视图的右侧可以即时预览文档的打印效果。同时，用户可以在打印设置区域中对打印区域或打印页面进行相关调整，如调整页边距、纸张大小等，如图 1-31 所示。

步骤 3：设置完成后，单击【打印】按钮，即可将文档打印输出，如图 1-31 所示。

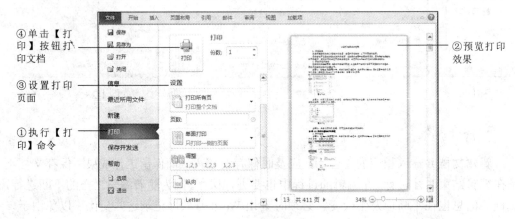

图 1-31

2. 设置打印属性和打印选项

选择【文件】选项卡下的【选项】命令，弹出【Word 选项】对话框，选择【显示】选项卡。其中，【打印选项】组中的指定的选项如图 1-32 所示，用户可根据需要选择相应的复选框，对打印属性和打印选项进行设置。

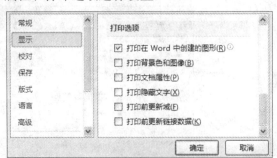

图 1-32

案例 14　利用模板快速创建文档

　　每次启动 Word 2010 时都会打开 Normal.dotm 模板，该模板包含了决定文档基本外观的默认样式和自定义设置。Word 2010 带有许多预先自定义好的模板，用户可以直接使用它们。这些模板反映了一些常见的文档需求，如传真、发票、贺卡、报表等。

　　使用模板创建文档的操作步骤如下。

　　步骤 1：在 Word 2010 应用程序中，选择【文件】选项卡下的【新建】命令，在【可用模板】列表中选择【博客文章】选项。

　　步骤 2：在后台视图的右侧可以看到【博客文章】的预览效果，如图 1-33 所示。单击【创建】按钮，创建后的效果如图 1-34 所示。

　　　　　　图 1-33　　　　　　　　　　　　　　　　　　图 1-34

　　步骤 3：在新建文档中输入所需的内容，就可以创建相应的文档了。

1.3　美化文档外观

案例 15　设置文本的基本格式

1. 设置字体和字号

　　在 Windows 操作系统中，不同的字体有不同的外观形态，一些字体还可带有自己的符号集。设置字体有多种方式，如【字体】对话框、【字体】组及悬浮工具栏。具体操作步骤如下。

　　步骤 1：选中文本，选择【开始】选项卡，在【字体】组中单击对话框启动器按钮。

　　步骤 2：弹出【字体】对话框，在【字体】选项卡【中文字体】下拉列表中选择【宋体】选项，如图 1-35 所示。

步骤 3：设置完成后，单击【确定】按钮，即可将文本的字体更改为宋体。

步骤 4：在【字体】组中单击【字号】列表框右边的下三角按钮，在弹出的下拉列表中选择【二号】选项，如图 1-36 所示，设置完成后，即可将文本的字号更改为二号。

图 1-35   图 1-36

2. 设置字形

如果用户需要使文字或文章美观、突出和引人注目，可以在 Word 中给文字添加一些附加属性来改变文字的形态。字形是指附加于文本的属性，包括给文字设置常规、加粗、倾斜或下划线等效果。Word 默认设置的文本为常规字形。

以将标题设置为加粗和倾斜为例，具体操作步骤如下。

步骤 1：选择标题文本，在【开始】选项卡的【字体】组中，单击【加粗】按钮，或按【Ctrl+B】组合键，可为文本设置加粗效果，如图 1-37 所示。

步骤 2：单击【倾斜】按钮，可为文本设置倾斜效果，如图 1-37 所示。

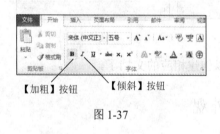

图 1-37

3. 设置字体颜色和效果

为了突出显示，很多宣传品常把文本设置为各种颜色和效果，其具体的操作步骤如下。

步骤 1：选择要设置字体颜色的标题文本。

步骤 2：在【开始】选项卡【字体】组中单击【字体颜色】按钮右边的下三角按钮，在弹出的下拉列表中选择一种颜色，标题文本就会变成相应的颜色，如图 1-38 所示。

步骤 3：单击【字体】组中的【文本效果】按钮右侧的下三角按钮，在弹出的下拉列表中可为选中的文本自定义或者套用文本效果格式，如图 1-39 所示。

此外，在【字体】对话框中，单击【文字效果】按钮，在弹出的【设置文本效果格式】对话框中可以设置文本的填充方式、文本边框类型及特殊的文字效果等。

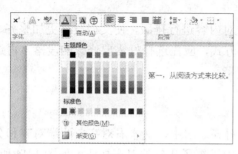
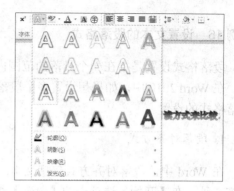

图 1-38　　　　　　　　　　图 1-39

4. 字体的高级设置

在 Word 2010 的字体高级设置中，用户可对文本字符缩放、字符间距及字符位置等进行调整。

选择【开始】选项卡，单击【字体】组中的对话框启动器按钮，弹出【字体】对话框。选择【高级】选项卡，在【字符间距】选项组中进行设置。

1）【缩放】下拉列表框：可以在其中选择软件提供的比例值或输入任意一个值来设置字符缩放的比例，但字符只能在水平方向进行缩小或放大，如图 1-40 所示。

2）【间距】下拉列表框：从中可以选择【标准】【加宽】【紧缩】选项。【标准】选项是 Word 中的默认选项，用户可以在其右边的【磅值】文本框中输入一个数值，对间距大小进行设置，如图 1-41 所示。

3）【位置】下拉列表框：从中可以选择【标准】【提升】【降低】选项来设置字符的位置。当选择【提升】或【降低】选项后，用户可在右边的【磅值】文本框输入一个数值，对字符位置进行设置，如图 1-42 所示。

图 1-40　　　　　　　　图 1-41　　　　　　　　图 1-42

4）【为字体调整字间距】复选框：如果要让 Word 在大于或等于某一尺寸的条件下自动调整字符间距，就选中该复选框，然后在【磅或更大】微调框中输入磅值，如图 1-43 所示。

图 1-43

案例 16　设置文本的段落格式

段落格式设置是指在一个段落的范围内对内容进行排版，使文档段落更加整齐、美观。在 Word 2010 中，如果想设置多个段落方式，应先选择好需要修改的段落，再进行段落格式的设置。

1. 段落对齐方式

在 Word 中，段落对齐方式包括文本左对齐、居中、文本右对齐、两端对齐和分散对齐 5 种。在【开始】选项卡的【段落】组中设置了相应的对齐按钮，如图 1-44 所示。

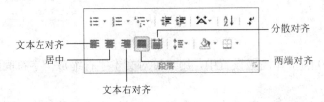

图 1-44

1)【文本左对齐】按钮：单击该按钮，选定段落中的每行文本都向文档的左边界对齐。

2)【居中】按钮：单击该按钮，选定的段落将放在页面的中间，在排版中使用非常方便。

3)【文本右对齐】按钮：单击该按钮，选定段落中的每行文本将向文档的右边界对齐。

4)【两端对齐】按钮：单击该按钮，段落中除最后一行文本外，其他行文本的左、右两端分别向左、右边界靠齐。对于纯中文的文本来说，两端对齐方式与左对齐方式没有太大的差别。但文档中如果含有英文单词，左对齐方式可能会使文本的右边缘参差不齐。

5)【分散对齐】按钮：单击该按钮，段落中的所有行文本(包括最后一行)中的字符等距离分布在左、右文本边界之间。

2. 段落缩进

段落缩进设置可以使段落相对左、右页边距向页中心位置缩进一段距离，让所选文档段落显示出条理及更加清晰的段落层次，以方便用户阅读。

在【开始】选项卡中单击【段落】组中的对话框启动器按钮，在弹出的【段落】对话框中选择【缩进和间距】选项卡，在【缩进】选项组中进行设置，如图 1-45 所示。

1) 在【左侧】微调框中可以设置段落与左页边

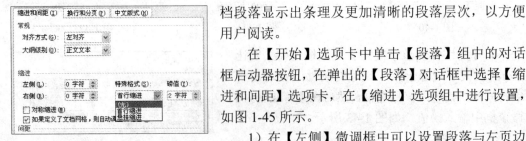

图 1-45

距的距离。输入一个正值表示向右缩进，输入一个负值表示向左缩进。

2）在【右侧】微调框中可以设置段落与右页边距的距离。输入一个正值表示向左缩进，输入一个负值表示向右缩进。

3）【首行缩进】选项：控制段落中第一行第一个字的起始位置。

4）【悬挂缩进】选项：控制段落中第一行以外其他行的起始位置。

5）【对称缩进】复选框：选中该复选框后，整个段落除了首行外的所有行的左边界向右缩进。

3. 行距和段距

行距是指行与行之间的距离，段距则是指两个相邻段落之间的距离。用户可以根据需要来调整文本的行距和段距。

设置行距、段距的具体操作步骤如下。

步骤 1：将插入点置于要进行行距设置的段落中。

步骤 2：在【开始】选项卡中单击【段落】组中的对话框启动器按钮，在弹出的【段落】对话框中选择【缩进和间距】选项卡，单击【行距】右侧的下三角按钮，在弹出的下拉列表中选择需要的行距，如图 1-46 所示，单击【确定】按钮，完成行距的设置。

步骤 3：选择所需设置的段落，打开【段落】对话框，选择【缩进和间距】选项卡，在【间距】选项组中将【段前】设置为需要的值，【段后】设置为需要的值，如图 1-46 所示，单击【确定】按钮，完成段距的设置。

图 1-46

案例 17 设置文本的边框和底纹

1. 添加边框

为了使文档更清晰、漂亮，可以在文档的周围设置各种边框。用户可以根据需要为选中的一个或多个文字添加边框，也可以在选中的段落、表格、图像或整个页面的四周或任意一边添加边框。

（1）利用【字符边框】按钮给文字加边框线

在【开始】选项卡中，单击【字体】组中的【字符边框】按钮，此按钮可以方便地为选中的一个或多个文字添加单线边框，如图 1-47 所示。

（2）利用【边框和底纹】对话框给段落或文字加边框

使用【段落】组中的按钮或使用【边框和底纹】对话框，还可以给选中的文字添加

图 1-47

其他样式的边框，具体操作步骤如下。

方法 1，选中要添加边框的文本，在【开始】选项卡中，单击【段落】组中【下框线】按钮右侧的下三角按钮，在弹出的下拉列表中选择需要的边框线样式，如图 1-48 所示，选择完成后即可为选择的文本添加边框。

方法 2，在【开始】选项卡中单击【段落】组中【下框线】按钮右侧的下三角按钮，在弹出的下拉列表中选择【边框和底纹】选项，弹出【边框和底纹】对话框，在【边框】选项卡下根据需要进行设置，完成后单击【确定】按钮，如图 1-49 所示。

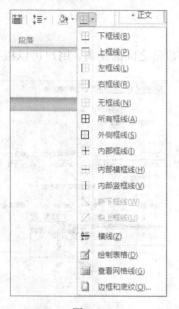

图 1-48

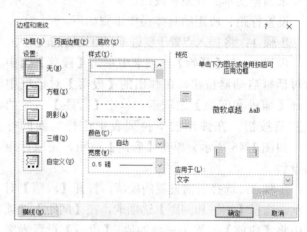

图 1-49

【边框和底纹】对话框中各种选项的作用如下。

1)【无】：不设边框。若选中的文本或段落原来有边框，则边框将被去掉。

2)【方框】：给选中的文本或段落加上边框。

3)【阴影】：给选中的文本或段落添加具有阴影效果的边框。

4)【三维】：给选中的文本或段落添加具有三维效果的边框。

5)【自定义】：只在给段落加边框时有效。利用该选项可以给段落的某一段或某几段加上边框线。

6)【样式】列表框：可从中选择需要的边框样式。

7)【颜色】和【宽度】列表框：可设置边框的颜色和宽度，如图 1-50 所示。

8)【应用于】列表框：可从中选择添加边框的应用对象，如图 1-51 所示。若选择【文字】选项，则在选中的一个或多个文字的四周添加封闭的边框。如果选中的是多行文字，则给每行文字加上封闭边框。若选择【段落】选项，则给选中的段落添加边框。

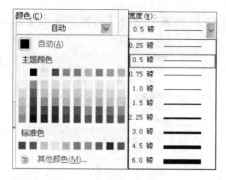

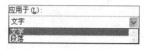

图 1-50　　　　　　　　　　　　　图 1-51

2. 添加页面边框

除了线型边框外，还可以在页面周围添加 Word 提供的艺术型边框。

添加页面边框的操作步骤如下。

步骤 1：选择需要添加边框的段落，打开【边框和底纹】对话框。

步骤 2：选择【页面边框】选项卡，从中设置需要的选项，如图 1-52 所示。

1）设置线形边框，可分别从【样式】【颜色】【宽度】下拉列表中选择边框的线型、颜色和宽度。

2）设置艺术型边框，可以从【艺术型】下拉列表中选择一种图案，如图 1-53 所示。

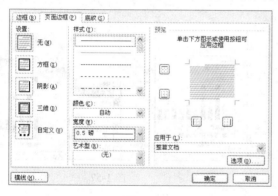
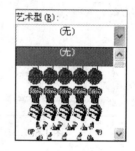

图 1-52　　　　　　　　　　　　　图 1-53

3）应用边框，单击【应用于】下拉列表框右侧的按钮，在弹出的下拉列表中可选择添加边框的范围，如图 1-54 所示。

4）设置边框与页边界或正文的距离，单击【选项】按钮，弹出【边框和底纹选项】对话框，在该对话框中可以改变边框与页边界或正文的距离，如图 1-55 所示。

步骤 3：设置完成后单击【确定】按钮，即可应用于页面边框。

3. 添加底纹

（1）给文字或段落添加底纹

步骤 1：选中要添加底纹的文字或段落，在【开始】选项卡中单击【段落】组中【下框线】按钮右侧的下三角按钮，在弹出的下拉列表中选择【边框和底纹】选项。

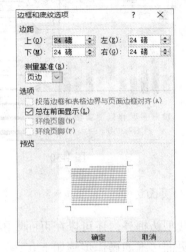

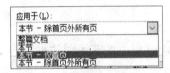

图 1-54　　　　　　　　　　　　　　　　图 1-55

步骤 2：弹出【边框和底纹】对话框，选择【底纹】选项卡，如图 1-56 所示。在【填充】下拉列表框中选择底纹的填充色，在【样式】下拉列表框中选择底纹的样式，在【颜色】下拉列表框中选择底纹内填充点的颜色，在【预览】区可预览设置的底纹效果，如图 1-57 所示。

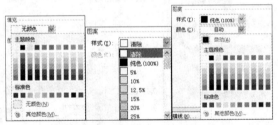

图 1-56　　　　　　　　　　　　　　　　图 1-57

步骤 3：单击【确定】按钮，即可应用底纹效果。

（2）删除底纹

在【底纹】选项卡中将【填充】设置为【无颜色】，将【样式】设置为【清除】，单击【确定】按钮即可将底纹删除。

案例 18　页面设置

1. 设置页边距

页边距是指页面内容和页面边缘之间的距离，在默认情况下，Word 创建的文档是纵向的，上、下各有 2.54 厘米的页边距，左、右各有 3.18 厘米的页边距。在实际应用中，用户可以根据实际需要设置页边距。

（1）使用预定的页边距

步骤 1：选择需要调整的页面。

步骤 2：选择【页面布局】选项卡，单击【页面设置】组中的【页边距】按钮，在弹出的下拉列表中选择【适中】命令。如图 1-58 所示，选定的页面即可应用【适中】页边距。

（2）自定义页边距

步骤 1：要调整某一节的页边距，可以把插入点放在该节中。如果整篇文档没有分节，页边距的设置将影响整个文档。

步骤 2：单击【页面布局】选项卡【页面设置】组中的【页边距】按钮，在弹出的下拉列表框中选择【自定义边距】命令，弹出【页面设置】对话框，如图 1-59 所示。

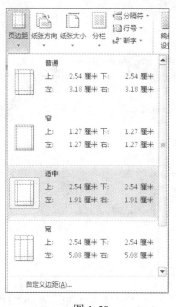

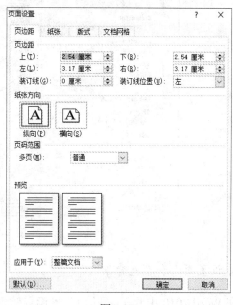

图 1-58   图 1-59

步骤 3：在【页面设置】对话框中选择【页边距】选项卡，在【上】【下】【左】【右】微调框中输入或者选定一个数值，即可设置页面四周页边距的宽度。

2. 设置纸张方向

通常纸张方向有【纵向】和【横向】两个选项。默认情况下，Word 创建的文档是【纵向】的，用户可根据实际需要改变纸张方向。

方法 1，在【页面布局】选项卡【页面设置】组中单击【纸张方向】按钮，在弹出的下拉列表中选择纸张方向，如图 1-60 所示。

方法 2，单击【页面布局】选项卡【页面设置】组中的对话框启动器按钮，在弹出的【页面设置】对话框中选择【页边距】选项卡，在【纸张方向】选项卡中选择相应的选项，如图 1-59 所示。

图 1-60

3. 设置纸张的大小

方法 1，在【页面布局】选项卡【页面设置】组中单击【纸张大小】按钮，在弹出的下拉列表中选择纸张类型，如图 1-61 左图所示。

方法 2，如果用户需要进行更精确的设置，可以在弹出的【纸张大小】下拉列表中选择【其他页面大小】命令，在弹出的【页面设置】对话框的【纸张】选项卡中对纸张大小进行设置，如图 1-61 右图所示。

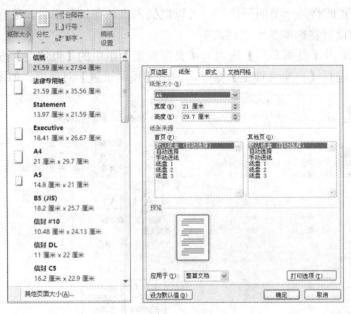

图 1-61

4. 设置页面和颜色背景

在 Word 2010 中除了可以为背景设置颜色外，还可以设置填充效果，弥补背景颜色单一的缺点，从而为背景设置提供了更加丰富的选择。

步骤 1：在【页面布局】选项卡的【页面背景】组中单击【页面颜色】按钮，如图 1-62 所示。

步骤 2：在弹出的下拉列表中，用户可以单击【主题颜色】或【标准色】中的色块图标选择需要的颜色。若没有需要的颜色，可选择【其他颜色】命令，在弹出的【颜色】对话框中进行自主选择。如果在弹出的下拉列表中选择【填充效果】命令，用户还可进行特殊效果的设置，这里选择【填充效果】命令。

步骤 3：在弹出的【填充效果】对话框中有 4 个选项卡用于设置页面特殊填充效果，分别是【渐变】【纹理】【图案】【图片】，如图 1-63 所示。

5. 设置填充效果

步骤 1：在【页面布局】选项卡【页面背景】组中单击【页面颜色】按钮，在弹出的下拉列表中选择【填充效果】命令。

步骤 2：弹出【填充效果】对话框，选择【渐变】选项卡，在【颜色】选项组中选中【双色】单选按钮，在右侧的【颜色】下拉列表框中进行设置，在【底纹样式】选项组中选中【水平】单选按钮，如图 1-64 所示。

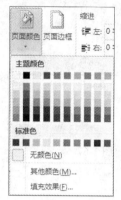　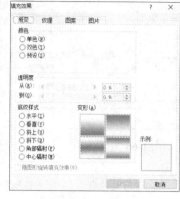　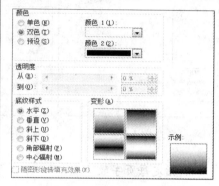

图 1-62　　　　　　　　　　图 1-63　　　　　　　　　　图 1-64

步骤 3：设置完成后单击【确定】按钮，带有渐变效果的背景即设置完成。

6. 删除文档背景

在【页面背景】组中单击【页面颜色】按钮，在弹出的下拉列表中选择【无颜色】命令，此时文档中的背景即可被删除。

7. 设置水印效果

（1）使用内置水印

选择需要添加水印的文档，在【页面布局】选项卡【页面背景】组中单击【水印】按钮，在弹出的下拉列表中选择一种 Word 内置的水印，如图 1-65 所示，选择完成后即可为文档添加水印效果。

（2）自定义水印

如果默认水印不符合用户的要求，可以根据需要进行自定义水印的设置，具体的操作步骤如下。

步骤 1：在【页面布局】选项卡【页面背景】组中单击【水印】按钮，在弹出的下拉列表中选择【自定义水印】命令，弹出【水印】对话框，如图 1-66 所示。

步骤 2：选中【文字水印】单选按钮，选择或输入水印文字，将【版式】设为【斜式】，若要以半透明显示文本水印，可勾选【半透明】复选框，如图 1-67 所示。

步骤 3：设置完成后，单击【应用】按钮即可。

此外，还可添加图片水印，在【水印】对话框中选中【图片水印】单选按钮，然后单击【选择图片】按钮，在弹出的对话框中选择需要的图片，即可将其作为水印使用。

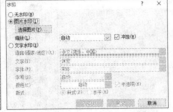

| 图 1-65 | 图 1-66 | 图 1-67 |

8. 指定每页字数

用户在设置完页面大小或页边距之后，如果要对文档精确地指定每页字数，可以在【页面设置】对话框中进行设置。在 Word 中操作时，设置文档网络就是设置页面的行数及每行的字数。

步骤 1：单击【页面布局】选项卡【页面设置】组中的对话框启动器按钮。

步骤 2：在弹出的【页面设置】对话框中选择【文档网络】选项卡，如图 1-68 所示。

步骤 3：用户根据自己的情况编辑文档类型。在选中【无网络】单选按钮时，能使文档中所有段落样式文字的实际行间距与样式中的规定一致。在排版及编辑图文混排的长文档时，一般都会指定每页的字数，因此应选中【指定行和字符网络】单选按钮，否则重新打开文档后，会出现图文不在原处的情况。

步骤 4：在【文字排列】选项组中有【水平】和【垂直】两个选项，若选中【水平】单选按钮，文档中的文本横向排放；若选中【垂直】单选按钮，文档中的文本纵向排放。

图 1-68

9. 显示网络和添加行号

将字符进行具体设置后，还可以在文档中查看字符网络，具体的操作步骤如下。

步骤 1：单击【页面布局】选项卡【页面设置】组中的对话框启动器按钮，在弹出的【页面设置】对话框中选择【文档网络】选项卡，单击【绘图网络】按钮，弹出【绘图网格】对话框，如图 1-69 所示。

步骤 2：勾选【在屏幕上显示网格线】和【垂直间隔】复选框，在【水平间隔】和【垂直间隔】微调框中输入相应的数字，单击【确定】按钮。

步骤 3：返回【页面设置】对话框，选择【版式】选项卡，如图 1-70 所示，单击【行号】按钮，弹出【行号】对话框。

步骤 4：勾选【添加行号】复选框，在【起始编号】微调框中输入编号，默认从 1 开始；在【距正文】微调框中输入数值，也即页面左边缘与文档文本左边缘之间的距离，默认距离为【自动】；在【编号】选项组中选择所需的编号方式，如图 1-71 所示。

图 1-69

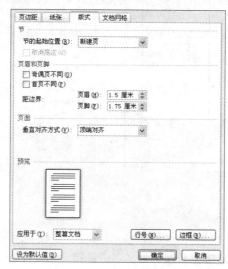

图 1-70

图 1-71

步骤 5：连续单击【确定】按钮，即可完成设置。

案例 19　文本框的应用

Word 2010 中提供了一种可移动位置、调整大小的文字或图形容器，称为文本框。使用文本框可以使排版达到更好的效果。

1. 插入文本框

用户可以像处理一个新页面一样处理文本框中的文字方向、段落格式及格式化文字等。文本框有横排文本框和竖排文本框两种，它们在本质上没有区别，只是排列方式不同而已。

步骤 1：在【插入】选项卡的【文本】组中单击【文本框】按钮，在弹出的列表中选择内置文本框，或根据需要执行【绘制文本框】命令，在工作区绘制文本框，如图 1-72 所示。

步骤 2：在文本框中输入文本。

步骤 3：选中文本框，选择【绘图工具】→【格式】上下文选项卡，单击【形状样式】组中的对话框启动器按钮，在弹出的【设置形状格式】对话框中设置文本框的填充类型、线条颜色、线型等参数，如图 1-73 所示。

图 1-72

图 1-73

2. 链接文本框

将两个以上的文本链接在一起称为文本框链接。若文字在上一个文本框中已排满，则可在链接的下一个文本框中继续排下去，但是横排文本框与竖排文本框之间不可创建链接。

步骤 1：创建多个文本框后，先选择其中一个文本框。

图 1-74

步骤 2：在【绘图工具】→【格式】上下文选项卡中单击【文本】组的【创建链接】按钮，如图 1-74 所示。

步骤 3：单击另一个文本框可创建文本链接，按【Esc】键可结束文本链接。

案例 20　创建表格

1. 插入表格

（1）使用【插入表格】对话框插入表格

使用【插入表格】对话框创建表格，不仅可以设置表格格式，而且可以不受表格行、列的限制，是最常用的创建表格的方法。具体操作步骤如下。

步骤 1：将光标移至文档中需要创建表格的位置。

步骤 2：单击【插入】选项卡【表格】组中的【表格】按钮，在弹出的下拉列表中选择【插入表格】命令，如图 1-75 所示。

步骤 3：在弹出的【插入表格】对话框中，将【列数】设置为 6，【行数】设置为 5。在【"自动调整"操作】选项组中选择一种定义列宽的方式，在这里使用默认方式，如

图 1-76 所示。

步骤 4：单击【确定】按钮，即可插入一个 6 列 5 行的表格。

（2）使用表格网络插入表格

使用表格网络插入表格是创建表格中最快捷的方法，适合创建行、列数较少，具有规范的行高和列宽的简单表格。具体操作步骤如下。

步骤 1：将光标移至文档中需要创建表格的位置。

步骤 2：单击【插入】选项卡【表格】组中的【表格】按钮，在弹出的下拉列表中拖拽鼠标选择网络。例如，要创建一个 4 列 5 行的表格，可选择 4 列 5 行的网络，此时，所选网格会突出显示，如图 1-77 所示，同时文档中也将实时显示出要创建的表格。

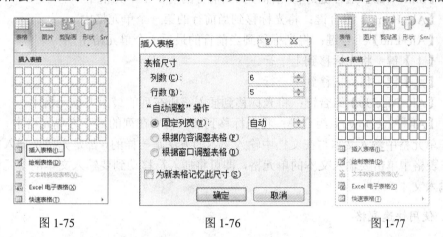

图 1-75   图 1-76   图 1-77

步骤 3：选定所需的单元格数量后，单击，即可在光标位置插入一个空白表格。

2. 手动绘制表格

手动绘制表格可以绘制不规则单元格的行高、列宽或带有斜线表头的复杂表格，还可以非常灵活、方便地绘制或修改非标准表格。手动绘制表格的具体操作步骤如下。

步骤 1：选择【插入】选项卡，在【表格】组中单击【表格】按钮，在弹出的下拉列表中选择【绘制表格】命令，如图 1-78 所示。

步骤 2：此时鼠标会变成铅笔的形状，在需要绘制表格的位置按住鼠标左键并拖动鼠标，绘制一个矩形。

步骤 3：根据需要绘制行线和列线。

步骤 4：若要将多余的线条擦除，可选择【表格工具】→【设计】上下文选项卡，单击【绘图边框】组中的【擦除】按钮，如图 1-79 所示。此时鼠标指针会变成橡皮的形状，单击要擦除的线条，即可将该线条擦除。

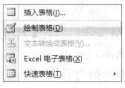

图 1-78   图 1-79

3. 向表格输入文本

一个单元格中可包含多个段落，也可包含多个样式。通常情况下，Word 能自动按照单元格中最高的字符串高度来设置每行文本的高度。当输入的文本到达单元格的右边线时，Word 能自动换行并增加行高，以容纳更多的内容。按【Enter】键，即可在单元格中另起一段。

在单元格中输入文本时，可以配合下面的快捷键在表格中快速地移动插入符。

- 【Tab】键：将光标移到同一行的下一个单元格中。
- 【Shift+Tab】组合键：将光标移到当前行的前一个单元格中。
- 【Alt+Home】组合键：将光标移到当前行的第一个单元格中。
- 【Alt+End】组合键：将光标移到当前行的最后一个单元格中
- 【↑】键：将光标移到上一行。
- 【↓】键：将光标移到下一行。
- 【Alt+PageUp】组合键：将光标移到插入符所在列的最上方单元格中。
- 【Alt+PageDown】组合键：将光标移到插入符所在列的最下方单元格中。

在单元格中输入文本与在文档中输入文本的方法是一样的，都是先指定插入符的位置（在表格中单击要输入文本的单元格，即可将插入符移动到要输入文本的单元格中），然后输入文本。

4. 使用快速表格

在 Word 2010 中，通过选择【快速表格】命令，可直接选择之前设定好的表格格式，从而快速创建新的表格，这样可以节省时间，提高工作效率。快速创建表格的具体操作步骤如下。

步骤 1：将光标移至文档中需要创建表格的位置。

步骤 2：单击【插入】选项卡【表格】组中的【表格】按钮，在弹出的下拉列表中选择【快速表格】命令，然后根据需要在弹出的级联菜单中进行选择。例如，选择【双表】快速表格，则【双表】快速表格就会插入到文档中。

步骤 3：选择【表格工具】→【设计】上下文选项卡，在【表格样式】组中对快速表格进行相应的设置。

5. 将文本转换为表格

步骤 1：选中需要转换为表格的文本。

步骤 2：单击【插入】选项卡【表格】组中的【表格】按钮，在弹出的下拉列表中选择【文本转换成表格】命令，如图 1-80 所示。

步骤 3：在打开的【将文字转换成表格】对话框中根据实际需求对【表格尺寸】【"自动调整"操作】【文字分隔位置】进行设置，如图 1-81 所示。

步骤 4：设置完成后单击【确定】按钮，即可将文本转换为表格。

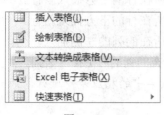

图 1-80　　　　　　　　　　图 1-81

6. 将表格转换为文本

在 Word 2010 中也可将表格中的内容转换为普通的文本段落，并将转换后各单元格中的内容用段落标记、逗号、制表符或用户指定的特定字符隔开。具体操作步骤如下。

步骤 1：选中要转换的表格。

步骤 2：单击【表格工具】→【布局】上下文选项卡【数据】组中的【转换为文本】按钮，如图 1-82 所示。

步骤 3：弹出【表格转换成文本】对话框，在【文字分隔符】选项组中选择要作为文本分隔符的选项，如图 1-83 所示。

图 1-82　　　　　　　　　　　　　　　　　图 1-83

步骤 4：单击【确定】按钮，即可将表格转换为文本。

7. 管理表格中的单元格、行和列

为更好地满足用户的工作需要，Word 2010 提供多种修改已创建表格的方法。例如，添加新的单元格、行或列，删除多余的单元格、行或列，合并与拆分表格或单元格等。

（1）添加单元格

步骤 1：将光标移至需要插入单元格的单元格内。

步骤 2：右击，在弹出的快捷菜单中选择【插入】→【插入单元格】命令，弹出【插入单元格】对话框，如图 1-84 所示。

步骤 3：根据需要在【活动单元格右移】【活动单元格下移】【整行插入】【整列插入】选项中进行选择。

（2）添加行或列

步骤 1：将光标移至目标位置。

步骤 2：选择【表格工具】→【布局】上下文选项卡中的【行和列】组，如图 1-85

所示，执行以下操作。

- 单击【在上方插入】按钮：将在插入符所在行的上方插入新行。
- 单击【在下方插入】按钮：将在插入符所在行的下方插入新行。
- 单击【在左侧插入】按钮：将在插入符所在的列的左侧插入新列。
- 单击【在右侧插入】按钮：将在插入符所在的列的右侧插入新列。如图 1-85 所示。

提示：添加行或列也可通过选择右键快捷菜单中的相应命令进行，如图 1-84 左图所示。

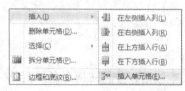
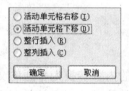

图 1-84

图 1-85

（3）删除单元格

步骤 1：将光标移至需要删除的单元格中。

图 1-86　　　　图 1-87

步骤 2：选择【表格工具】→【布局】上下文选项卡，单击【行和列】组中的【删除】按钮，在弹出的下拉列表中选择【删除单元格】命令，如图 1-86 所示。

步骤 3：弹出【删除单元格】对话框，如图 1-87 所示，用户可根据需要选择下列 4 个选项中的一项。

- 选中【右侧单元格左移】单选按钮：删除选定的单元格，并将该行中其他单元格左移。
- 选中【下方单元格上移】单选按钮：删除选定的单元格，并将该列中剩余的单元格上移一行，该列底部会添加一个新的空白单元格。
- 选中【删除整行】单选按钮，删除包含选定的单元格在内的整行。
- 选中【删除整列】单选按钮，删除包含选定的单元格在内的整列。

步骤 4：选择完成后单击【确定】按钮即可。

（4）删除行或列

选择【表格工具】→【布局】上下文选项卡，单击【行和列】组中的【删除】按钮，在弹出的下拉列表框中可以选择以下命令。

- 【删除列】，将单元格所在的整列选中后删除。
- 【删除行】，将单元格所在的整行选中后删除。
- 【删除表格】，将整个表格删除。

（5）合并单元格、拆分单元格、拆分表格

合并单元格、拆分单元格、合并表格可通过选项卡上的命令按钮来完成，如图 1-88 所示。

图 1-88

1）合并单元格。

步骤 1：选中需要合并的单元格。

步骤 2：选择【表格工具】→【布局】上下文选项卡，单击【合并】组中的【合并单元格】按钮，即可对选择的单元格进行合并。

2）拆分单元格。

步骤 1：将光标移至需要拆分的单元格内。

步骤 2：选择【表格工具】→【布局】上下文选项卡，单击【合并】组中的【拆分单元格】按钮。

步骤 3：在弹出的【拆分单元格】对话框中设置需要拆分的列数和行数，单击【确定】按钮，即可将选择的单元格进行拆分。

3）拆分表格。

步骤 1：将插入符置入要拆分的行的任意一个单元格中。

步骤 2：选择【表格工具】→【布局】上下文选项卡，单击【合并】组中的【拆分表格】按钮，即可将表格拆分成两部分。

8. 设置标题重复

若需要使标题在多页中跨页显示，可对标题进行重复显示设置，具体操作步骤如下。

步骤 1：将光标移至表格标题行中。

步骤 2：选择【表格工具】→【布局】上下文选项卡，单击【数据】组中的【重复标题行】按钮，即可设置标题重复，如图 1-89 所示。

图 1-89

案例 21　美化表格设置

在 Word 2010 中可以使用内置的表格样式，或者使用边框、底纹和图形填充功能来美化表格及页面。为表格或单元格添加边框或底纹的方法与设置段落填充颜色或纹理填充一样。

1. 设置表格边框

步骤 1：选中表格，右击，在弹出的快捷菜单中选择【边框和底纹】命令，打开【边框和底纹】对话框，选择【边框】选项卡。

步骤 2：在【设置】选项组中选择【全部】选项，在【样式】列表框中选择一种边框样式，在【颜色】下拉列表框中选择【绿色】，在【宽度】下拉列表框中选择【1.5 磅】，在【应用于】下拉列表框中选择【表格】，如图 1-90 所示。

步骤 3：设置完成后单击【确定】按钮，即可为表格添加边框。

2．设置表格底纹

步骤 1：选中单元格，右击，在弹出的快捷菜单中选择【边框和底纹】命令，打开【边框和底纹】对话框，选择【底纹】选项卡。

步骤 2：在【填充】下拉列表框中选择底纹颜色，这里选择【橄榄色，强调文字颜色 3，单色 40%】，在【应用于】下拉列表框中选择【表格】，如图 1-91 所示。

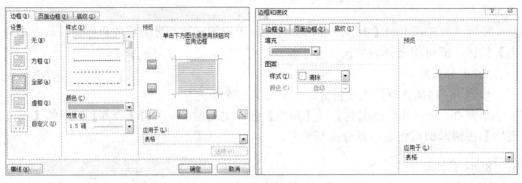

图 1-90　　　　　　　　　　　　　　　图 1-91

步骤 3：设置完成后单击【确定】按钮，即可为单元格填充底纹。

案例 22　表格的计算与排序操作

在 Word 的表格中，可以依照某列对表格进行排序。对数值型数据还可以按从小到大或从大到小的不同方式进行排序。表格的计算功能可以对表格中的数据执行一些简单的运算，如求和、求平均值、求最大值等，并可以方便、快捷地得到计算结果。

1．在表格中计算

在 Word 中，可以通过输入带有加、减、乘、除（+、−、*、/）等运算符的公式进行运算，也可以使用 Word 附带的函数进行较为复杂的计算。

（1）单元格参数与单元格的值

为了方便在单元格之间进行运算，这里使用了一些参数来代表单元格、行或列。表格的列从左至右用英文字母（A、B……）表示，表格的行自上而下用正整数（1、2……）表示，每一个单元格的名字由其所在的行和列的编号组合而成。在表格中，排序或计算都是以单元格为单位进行的。

单元格中实际输入的内容称为单元格的值。如果单元格为空或不以数字开始，则该单元格的值等于 0。如果单元格以数字开始，后面还有其他非数字字符，该单元格的值等于第一个非数字字符前的数字值。

（2）在表格中进行计算

步骤 1：选中 E2 单元格，选择【表格工具】→【布局】上下文选项卡，单击【数据】组中的【公式】按钮，如图 1-92 所示，打开【公式】对话框。

步骤 2：此时【公式】对话框的【公式】文本框中显示出了"=SUM(LEFT)"公式，表示对插入点左侧各单元格中的数值求和，如图 1-93 所示，单击【确定】按钮，求和结果就会显示在 E2 单元格中。下面以此类推。

图 1-92   图 1-93

2. 表格中的数据排序

步骤 1：选择【表格工具】→【布局】上下文选项卡，单击【数据】组中的【排序】按钮，打开【排序】对话框，如图 1-94 所示。

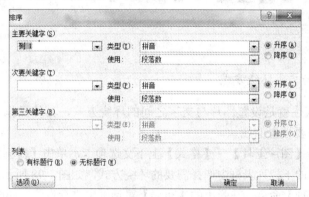

图 1-94

步骤 2：单击【主要关键字】下拉列表框中的下三角按钮，在弹出的下拉列表中选择一种排序依据，单击【类型】下拉列表框中的下三角按钮，在弹出的下拉列表中选择一种排序类型，这里选择【拼音】，然后选中【升序】单选按钮。

步骤 3：设置完成后单击【确定】按钮，即可按要求对表格内容进行排序。

案例 23 图片处理技术的应用

在文档中插入图片或剪贴画等可以增强文档的表达效果。Word 2010 的剪辑库中包含了大量的剪贴画、艺术字及文本框，用户可以根据需要将它们插入文档中。

1. 插入图片

Word 利用多种应用程序（如 Windows 画图程序、AutoCAD 等）建立的【插入】【链接到文件】等方式，可以把图形文件插入到文档中。具体操作步骤如下。

步骤 1：将光标定位到需要插入图片的位置。

步骤2：单击【插入】选项卡【插图】选项组中的【图片】按钮，如图1-95所示。

步骤3：在弹出的【插入图片】对话框中选择要插入的图片，单击【插入】按钮右侧的下三角按钮，在弹出的下拉列表中选择【插入】命令，如图 1-96 所示，即可插入所选的图片文件。

图 1-95   图 1-96

步骤4：选中插入的图片，选择【图片工具】→【格式】上下文选项卡。在该选项卡中可以在【调整】【图片样式】【排列】【大小】选项组中对图片进行相应设置，如图 1-97 所示。

图 1-97

2. 设置图片与文字环绕方式

设置图片版式也就是设置图片与文字之间的环绕方式，具体操作步骤如下。

步骤1：选中要设置的图片。

步骤2：选择【图片工具】→【格式】上下文选项卡，单击【排列】组中的【自动换行】按钮，在弹出的下拉列表框中选择需要的环绕方式，如图1-98所示。还可在列表框中选择【其他布局选项】命令，在弹出的【布局】对话框中进行设置，如图1-99所示。

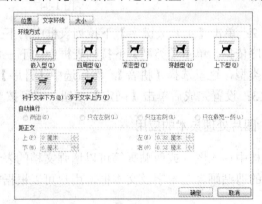

图 1-98   图 1-99

3. 在页面中设置图片位置

Word 2010 中提供了多种控制图片位置的工具，用户可以根据文档类型更快捷、更合理地布置图片。具体的操作步骤如下。

步骤 1：选择要设置的图片。

步骤 2：选择【图片工具】→【格式】上下文选项卡，单击【排列】组中的【位置】按钮，在弹出的下拉列表框中选择需要的位置布局方式，如图 1-100 所示。还可在列表框中选择【其他布局选项】命令，在弹出的【布局】对话框中进行设置，如图 1-101 所示。

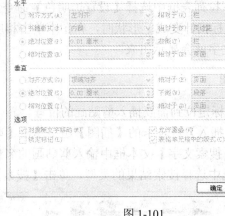

图 1-100　　　　　　　　　　　　　　　图 1-101

4. 设置图片格式

在文档中插入图片后，即可对图片的格式进行必要的设置和排版。具体操作步骤如下。

步骤 1：选择要设置的图片。

步骤 2：单击【图片工具】→【格式】上下文选项卡【大小】组中的对话框启动器按钮，在弹出的【布局】对话框的【大小】选项卡中可以设置图片的高度、宽度、旋转、缩放比例等，如图 1-102 所示。

步骤 3：单击【图片样式】组中的对话框启动器按钮，在弹出的【设置图片格式】对话框中可以设置图片的亮度和对比度等，如图 1-103 所示。

图 1-102　　　　　　　　　　　　　　　图 1-103

5. 为图片设置透明色

当用户将插入的图片设置为【浮于文字上方】时，可通过设置图片中的某种颜色为透明色使下面的部分文字显现出来。具体操作步骤如下。

步骤1：选择要设置的图片。

步骤2：选择【图片工具】→【格式】上下文选项卡，单击【调整】组中的【颜色】按钮，在弹出的下拉列表框中选择【设置透明色】命令，如图1-104所示。

步骤3：当鼠标指针变成笔形状时，在图中单击相应的位置指定透明色，则图片中被该颜色覆盖的文字就会显示出来。

6. 插入剪贴图

步骤1：将光标定位到需要插入剪贴画的位置。

步骤2：在【插入】选项卡的【插图】组中单击【剪贴画】按钮，在弹出的【剪贴画】任务窗格的【搜索文字】文本框中输入剪贴画的名称或剪贴画的文件名，在【结果类型】下拉列表框中选择搜索结果的类型，单击【搜索】按钮，如图1-105所示。

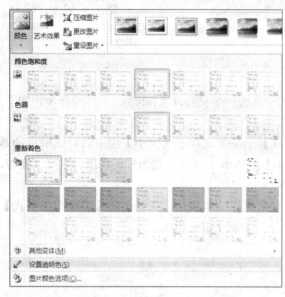

图1-104   图1-105

步骤3：在剪贴画任务窗格中单击所需的图片，即可将剪贴画插入文档中。

7. 截取屏幕图片

步骤1：将光标定位到需要插入图片的位置。

步骤2：在【插入】选项卡的【插图】组中单击【屏幕截图】按钮，在【可用视图】下拉列表框中选择所需的屏幕图片，即可将屏幕画面插入到文档中；或选择【屏幕剪辑】命令，根据需要截取需要的图片，如图1-106所示。

8. 裁剪图片

图片插入文档后，用户可根据需要对图片进行裁剪，并可裁剪为多种形状。具体操作步骤如下。

步骤 1：选择需要裁剪的图片。

步骤 2：选择【图片工具】→【格式】上下文选项卡，单击【大小】组中的【裁剪】按钮，图片周围会显示 8 个方向的黑色裁剪控制柄，如图 1-107 所示，使用鼠标拖动黑色控制柄调整图片的大小。

步骤 3：调整完成后在空白处单击，即可完成图片裁剪。

步骤 4：在【格式】上下文选项卡的【大小】组中单击【裁剪】下三角按钮，在弹出的下拉列表框中选择【裁剪为形状】命令，在弹出的子菜单中选择所需的形状，即可将图片裁剪为所选形状，如图 1-108 所示。

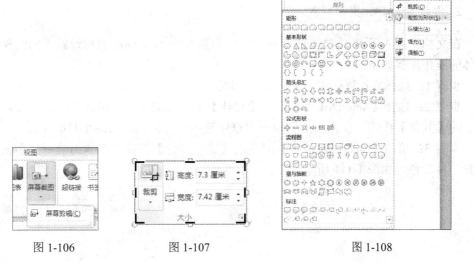

图 1-106　　　　　　　图 1-107　　　　　　　　　　图 1-108

案例 24　创建 SmartArt 图形

SmartArt 图形是信息和观点的视觉表示形式，能够快速、轻松、有效地传达信息。Word 2010 中的 SmartArt 图形包括列表、流程、循环、层次结构、关系、矩阵、棱锥图和图片等。

1. 插入 SmartArt 图形

插入 SmartArt 图形的操作步骤如下。

步骤 1：将光标定位在需要插入 SmartArt 图形的位置。

步骤 2：在【插入】选项卡的【插图】组中单击【SmartArt】按钮，在弹出的【选择 SmartArt 图形】对话框的左侧列表框中选择图形类型，在中间的列表框中选择所需的结构图,单击【确定】按钮,即可在文档中插入选择的层次布局结构图,如图 1-109 所示。

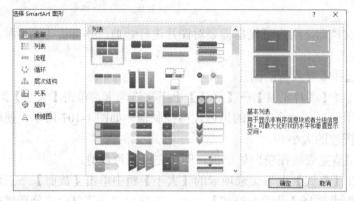

图 1-109

步骤 3:若用户要在插入的结构图中输入文本,可在结构图内直接单击【文本】字样,然后输入所需的文本即可。

2. 设计 SmartArt 图形样式

在文档中插入了 SmartArt 图形后,可以为插入的 SmartArt 图形设置不同的样式。具体的操作步骤如下。

步骤 1:选择要设置样式的 SmartArt 图形。

步骤 2:选择【SmartArt 工具】→【设计】上下文选项卡,单击【SmartArt 样式】组中的【其他】按钮,在弹出的下拉列表框中选择一种样式,如图 1-110 所示。

步骤 3:单击【SmartArt 样式】组中的【更改颜色】按钮,在弹出的下拉列表框中选择一种颜色,如图 1-111 所示。

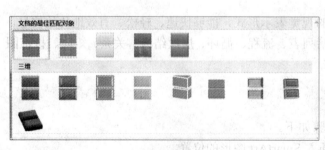

图 1-110

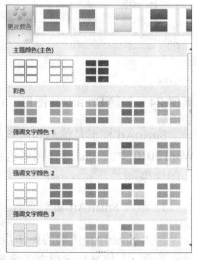

图 1-111

案例 25　使用主题调整文档外观操作

在 Office 2010 中调整文档外观比以往版本更加快捷，它省略了一系列的步骤，可以迅速将文档设置成所需效果。具体操作步骤如下。

步骤 1：选择【页面布局】选项卡，单击【主题】组中的【主题】按钮，弹出系统内置主题库，如图 1-112 所示。

步骤 2：在主题库中滑动鼠标观察主题的各个效果，根据需要选择相应的主题，即可将其设置为当前文档的主题。

案例 26　为文档插入封面

步骤 1：选择【插入】选项卡，单击【页】组中的【封面】按钮，弹出系统内置封面库，如图 1-113 所示。

图 1-112　　　　　　　　　　　　　　图 1-113

步骤 2：选择【边线形】选项，将在文档中的最前一页插入【边线形】封面，在文档中选择封面文本的属性，输入相应的信息，即可完成制作。

案例 27　设置艺术字

1. 设置艺术字形状

步骤 1：选择【插入】选项卡，单击【文本】组中的【艺术字】按钮，在弹出的下拉列表中选择艺术字类型，如图 1-114 所示。

步骤 2：将艺术字插入文档后，选择【绘图工具】→【格式】上下文选项卡，单击【形状样式】组中的【形状效果】按钮，在弹出的下拉菜单中可根据需求选择艺术字的各种形状，如图 1-115 所示。

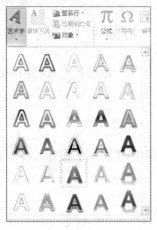

图 1-114　　　　　　　　　　　　图 1-115

2. 旋转艺术字

用户可以对插入文档中的艺术字进行翻转和旋转等操作，具体操作步骤如下。

步骤 1：选择要翻转或旋转的艺术字。

步骤 2：选择【绘图工具】→【格式】上下文选项卡，单击【大小】组中的对话框启动器按钮，在弹出的【布局】对话框中选择【大小】选项卡，在【旋转】组中的【旋转】微调框中设置旋转角度，单击【确定】按钮即可，如图 1-116 所示。

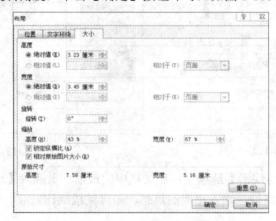

图 1-116

3. 美化艺术字

用户可以为创建的艺术字填充颜色、纹理、图案等，使艺术字的效果更佳。具体的操作步骤如下。

步骤 1：选择要设置的艺术字。

步骤 2：选择【绘图工具】→【格式】上下文选项卡，单击【形状样式】组中的【形状填充】按钮，在弹出的下拉列表中选择填充颜色，如图 1-117 所示。

4. 为艺术字设置阴影和三维效果

步骤 1：选择要添加阴影和三维效果的艺术字。

步骤 2：选择【绘图工具】→【格式】上下文选项卡，单击【形状样式】组中的【形状效果】按钮，在弹出的下拉列表中选择【阴影】命令，可为艺术字添加阴影效果；若在【形状效果】下拉列表中选择【三维旋转】命令，可为艺术字添加三维效果，如图 1-118 所示。

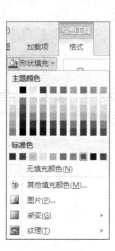

图 1-117

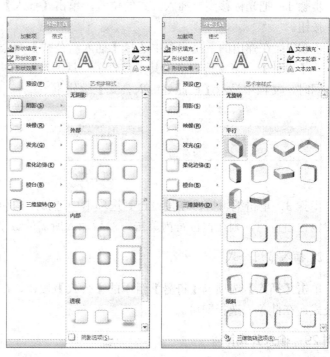

图 1-118

1.4 公式编辑器

案例 28 进入公式编辑器

要在文档中插入专业的数学公式，仅仅利用上、下标按钮来设置是远远不够的。使用公式编辑器，不但可以输入符号，还可以输入数字和变量。

1. 插入公式

若打开的文档中包含 Word 早期版本写入的公式，则可按以下步骤将文档转换为

Word 2010 版本。

步骤 1：选择【文件】→【信息】→【转换】命令，如图 1-119 所示。

图 1-119

步骤 2：选择【文件】→【保存】命令。

在文档中插入公式的操作步骤如下。

步骤 1：把光标移到要插入公式的位置，单击【插入】选项卡【符号】组中的【公式】按钮。

步骤 2：在弹出的下拉列表中选择【插入新公式】命令，此时功能区出现【公式工具】→【设计】上下文选项卡，其中包含了大量的数学结构和数学符号，如图 1-120 所示。同时，文档中显示【在此处键入公式】编辑框。

图 1-120

步骤 3：单击编辑框，在【设计】选项卡中选择结构和数学符号进行输入，如果结构中包含占位符，则在占位符内单击，然后输入所需的数字或符号。

2．插入常用公式

单击【插入】选项卡【符号】组中的【公式】按钮，在弹出的下拉列表中将出现常用公式，在此单击选择即可。

案例29　输入公式符号

创建公式时，功能区会根据数学排版概率自动调整字号、间距、格式。使用数学公式模板可以方便、快速地制作各种格式的数学公式，具体操作步骤如下。

步骤 1：把光标定位到要插入字符的位置，单击【插入】选项卡【符号】组中的【符号】按钮，在弹出的下拉列表中选择【其他符号】命令，如图 1-121 所示。

步骤 2：在弹出的【符号】对话框中选择所需的数学符号，单击【插入】按钮，即可在文档中插入所需的字符，如图 1-122 所示。

步骤 3：插入完成后，单击公式编辑框以外的任何位置即可返回文档。

案例30　将公式添加到常用公式库或将其删除

步骤 1：单击【插入】选项卡【符号】组中的【公式】按钮，选择要添加的公式。

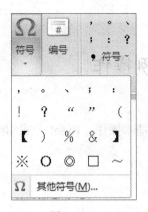

图 1-121

图 1-122

步骤 2：选中公式，选择【公式工具】→【设计】上下文选项卡，单击【工具】组中的【公式】按钮，在弹出的下拉列表中选择【将所选内容保存到公式库】命令。

步骤 3：弹出【新建构建基块】对话框，在【名称】文本框中输入名称，在【库】下拉列表框中选择【公式】选项，在【类别】下拉列表框中选择【常规】选项，在【保存位置】下拉列表框中选择【Normal.dotm】选项，如图 1-123 所示，单击【确定】按钮。

图 1-123

步骤 4：如果要在公示库中删除某公式，可选择【公式工具】→【设计】上下文选项卡，单击【工具】组中的【公式】按钮，在弹出的下拉列表中右击要删除的公式，在弹出的快捷菜单中选择【整理和删除】命令，如图 1-124 所示。

步骤 5：在弹出的【构建基块管理器】对话框中选择相应基块名称，单击【删除】按钮，如图 1-125 所示。

图 1-124

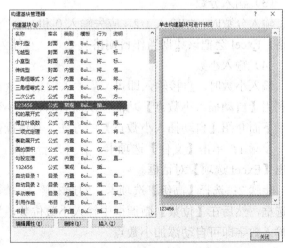

图 1-125

第 2 章　Excel 2010 案例操作

本章主要介绍 Excel 制表基础、工作簿与多工作表的基本操作、Excel 公式和函数、在 Excel 中创建图表、Excel 数据分析及处理等。

2.1　Excel 制表基础

案例 1　编辑表格

1. 输入数值型数据

在 Excel 中，数值型数据是使用最多、最为复杂的数据类型。数值型数据由数字 0～9、正号【+】、负号【-】、小数点【.】、分数号【/】、百分号【%】、货币符号【¥】或【$】和千位分隔号【,】等组成。在 Excel 2010 中输入数值型数据时，Excel 自动将其沿单元格右边对齐。

（1）输入负数

输入负数时，必须在数字前加一个负号【-】或给数字加上圆括号。例如，输入-10 和（10）都可以在单元格中得到-10；如果要输入正数，则直接将数字输入单元格内。

（2）输入百分比数据

输入百分比数据时，可以直接在数值后输入百分号。例如，要输入 450%，应先输入 450，然后输入%。

（3）输入分数

输入分数时，如输入 1/2，应先输入 0 和一个空格，然后输入 1/2。如果不输入 0 和空格，Excel 会把该数据当作日期格式处理，存储为 1 月 2 日。

（4）输入小数

输入小数时，直接输入即可。当输入的数据量较大，且都具有相同的小数位时，可以利用【自动插入小数点】功能，从而省略输入小数点的麻烦。

下面介绍【自动插入小数点】的方法，具体操作步骤如下。

步骤 1：单击【文件】选项卡，打开后台视图，如图 2-1 所示，选择【选项】命令，弹出【Excel 选项】对话框。

步骤 2：选择【高级】选项卡，勾选右侧【编辑选项】选区中的【自动插入小数点】复选框，然后在【位数】微调框中输入小数位数，如图 2-2 所示。设置完成后，在表格中输入数字即可自动添加小数点。

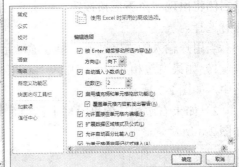

图 2-1　　　　　　　　　　　　　　图 2-2

2. 输入日期和时间

（1）输入日期

可以用【/】或【-】来分隔日期的年、月、日。例如，输入【13/6/11】并按【Enter】键，Excel 2010 会将其转换为默认的日期格式，即【2013/6/11】，如图 2-3 所示。

（2）输入时间

小时与分钟或分钟与秒之间用冒号分隔，Excel 一般把插入的时间默认为上午的时间。若要输入下午的时间，则在时间后面加一个空格，然后输入【PM】，如输入【06:05:05 PM】。还可以采用 24 小时制表示时间，即把下午的小时时间加上 12，如输入【18:05:05】。输入时间后的效果如图 2-4 所示。

图 2-3　　　　　　　　　　　　　　图 2-4

3. 文本输入

Excel 中的文本包括字母、汉字、特殊符号、数字等，每个单元格最多可以包含 32767 个字符。

要在单元格中输入文本，首先选择单元格，输入文本后按【Enter】键确认。Excel 自动识别文本类型，并将文本对齐方式默认为【左对齐】，即文本沿单元格左边对齐。

如果数据全部由数字组成，如编码、学号等，则输入时应在数据前输入英文状态下的单引号【'】，如输入【'123456】。Excel 就会将其看作文本，将它沿单元格左边对齐，如图 2-5 所示。此时，该单元格左侧会出现文本格式图标，当鼠标指针停在此图标上时，其右侧将出现一个下三角按钮，单击它就会弹出如图 2-6 所示的菜单，用户可根据需要进行选择。

当用户输入的文字过多，超过了单元格列宽时，会产生以下两种结果。

1）如果右边相邻单元格中没有任何数据，则超出的文字会显示在右边相邻的单元格中，如图 2-7 所示。

2）如果右边相邻的单元格中已存有数据，那么超出单元格宽度的部分将不显示，如图 2-8 所示。

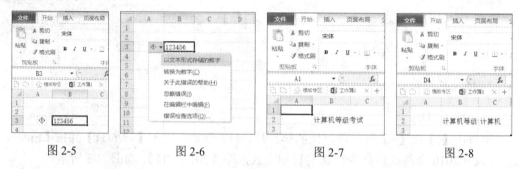

图 2-5　　　　　　　　图 2-6　　　　　　　　图 2-7　　　　　　　　图 2-8

4. 公式中的运算符

公式是工作表中的数值执行计算的等式，它可以对工作表数值进行各种运算。

公式中的信息还可以引用同一工作表中的其他单元格、同一工作簿不同工作表中的单元格，或其他工作簿的工作表中的单元格信息。

公式通常以等号【=】开头，在一个公式中可以包含各种运算符、常量、变量、函数及单元格引用等。运算符用于对公式中的元素进行特定类型的运算，可分为 4 种类型，即算术、比较、文本连接和引用。

1）算术运算符是指可以完成基本的数学运算的符号，如表 2-1 所示。

表 2-1　算术运算符及其含义

算术运算符	含义	算术运算符	含义
+（加号）	加法	/（正斜杠）	除法
-（减号）	减法或者负数	%（百分号）	百分比
*（乘号）	乘法	^（脱字号）	乘方

2）比较运算符是可以比较两个数值并产生逻辑值的符号，如表 2-2 所示。

表 2-2　比较运算符及其含义

比较运算符	含义	比较运算符	含义
=（等号）	等于	>=（大于等于号）	大于或等于
>（大于号）	大于	<=（小于等于号）	小于或等于
<（小于号）	小于	<>（不等号）	不等于

3）文本连接运算符只有一个【&】，用来连接一个或多个文本字符串，以生成一段

文本。例如，在 B2 单元格中输入【初一】，在 C3 单元格中输入【十五】，然后在 D4 单元格中输入【=B2&C3】，按【Enter】键确认。运算完成后在 D4 单元格中显示【初一十五】，如图 2-9 所示。

图 2-9

4）引用运算符可以将单元格区域合并计算，包括冒号、逗号和空格，如表 2-3 所示。

表 2-3 引用运算符及其含义

引用运算符	含义
:（冒号）	区域运算符，生成对两个引用之间所有单元格的引用，如【A1:B2】
,（逗号）	联合运算符，将多个引用合并为一个引用，如【SUM(A1:B2,A1:B2)】
空格	交叉运算符，生成对两个引用共同的单元格的引用，如【B2:D10 C10:C12】

5. 公式中的运算

（1）运算方法

公式按特定顺序进行计算。Excel 中的公式以等号【=】开头，这个等号告诉 Excel 随后的字符将组成一个公式。等号后面是要计算的元素，各操作数之间有运算符间隔。使用运算符的具体操作步骤如下。

步骤 1：打开 Excel 2010 操作窗口，新建空白工作簿。在 A1:D1 单元格中输入数据（10、20、30、40）。

步骤 2：选择 E1 单元格，在编辑栏中输入【=A1+B1+C1+D1】，如图 2-10 所示。

步骤 3：按【Enter】键确认，即可在单元格 E1 中显示计算结果，如图 2-11 所示。

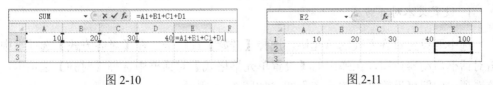

图 2-10   图 2-11

（2）运算符优先级

如果一个公式中有若干个运算符，Excel 将按照表 2-4 所示的次序进行计算。如果一个公式中的若干个运算具有相同的优先顺序，Excel 将从左到右进行计算。

表 2-4　运算符的优先级

运算符	含义	优先级	
：（冒号）　（空格）　，（逗号）	引用	1	高
-	负数	2	
%	百分号	3	
^	乘方	4	
*和/	乘和除	5	
+和-	加和减	6	
&	连接两个文本字符串（串联）	7	
=　〈　〉　<=　>=　<>	比较运算符	8	低

（3）更改求值顺序

在计算中如果要更改求值的顺序，可将公式中要先计算的部分用括号括起来，具体操作步骤如下。

步骤 1：选择 E3 单元格，在编辑栏中输入【=(A1+B1+C1)*D1】，如图 2-12 所示。

步骤 2：按【Enter】键，即可在 E3 单元格中显示计算结果，如图 2-13 所示。

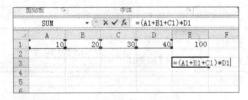
图 2-12

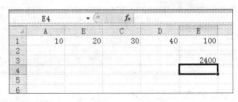
图 2-13

注意：输入公式的操作类似于输入文字，可以手写输入，也可以单击输入。

1）手写输入：手写输入公式是指直接输入公式内容。在选定的单元格中输入等号【=】，在其后面输入公式。输入时，字符会同时出现在单元格和编辑栏中。

2）单击输入：单击输入更为简单快捷，且不容易出现问题。可以直接单击单元格引用，而不用完全手动输入。

案例 2　整理与修饰表格

1. 设置文本对齐方式

选中要设置对齐方式的单元格，选择【开始】选项卡，在【对齐方式】选项组中单击对话框启动器按钮，在弹出的【设置单元格格式】对话框中选择【对齐】选项卡，在该选项卡中即可设置文本的对齐方式，如图 2-14 所示。

2. 设置字体字号

选中要设置字体字号的单元格，选择【开始】选项卡，在【字体】选项组中单击对话框启动器按钮，在弹出的【设置单元格格式】对话框中选择【字体】选项卡，在该选项卡中即可设置字体和字号，如图 2-15 所示。

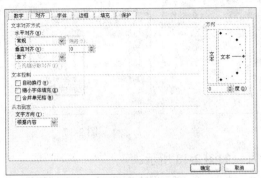 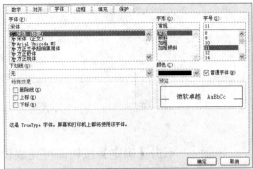

图 2-14   图 2-15

注意：也可以使用快捷菜单进行格式化工作。方法是选定要设置的单元格或单元格区域右击，在弹出的快捷菜单中选择【设置单元格格式】命令，这时也会弹出【设置单元格格式】对话框。

3. 设置数字格式

（1）使用按钮设置数字格式

如果格式化的工作比较简单，则可以通过【开始】选项卡【数字】组中的按钮来完成。用于数字格式化的按钮有 5 个，它们的功能如表 2-5 所示。

表 2-5　用于数字格式化按钮的图标、名称及功能

图标	名称	功能
	会计数字格式	为选定单元格选择替补货币格式
%	百分比样式	将单元格值显示为百分比
,	千位分隔样式	显示单元格值时使用千位分隔符
⁺.₀₀	增加小数位数	每单击一次，数据增加一个小数位数
.₀₀⁺.₀	减少小数位数	每单击一次，数据减少一个小数位数

例如，要为工作表中的价格添加货币样式，可按照如下步骤操作：

步骤 1：在单元格 B2:B6 中输入数值并选中。

步骤 2：单击【会计数字格式】按钮右侧的下三角按钮，展开下拉列表，如图 2-16 所示，选择【¥中文（中国）】命令，即可在数字前面插图货币符号【¥】，插入结果如图 2-17 所示。

（2）使用【数字】选项卡设置数字格式

步骤 1：选定要设置的单元格、单元格区域或文本。

步骤 2：使用前面介绍的设置文本和单元格中的方法任何一种，打开【设置单元格格式】对话框。

步骤 3：选择【数字】选项卡，从【分类】列表框中选择所需的类型，此时对话框右侧便显示本类型中可用的格式及示例，用户可以根据需要选择所需格式。

图 2-16   图 2-17

步骤 4：单击【确定】按钮即可完成设置，如图 2-18 所示。

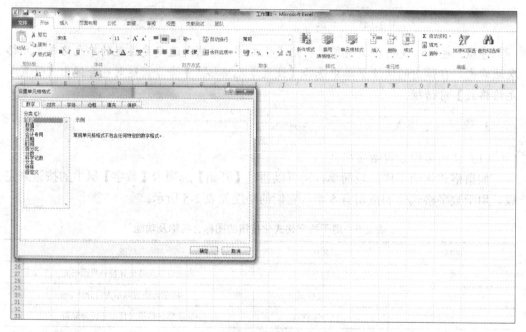

图 2-18

其中，数字格式的分类与说明如表 2-6 所示。

表 2-6　数字格式的分类与说明

分类	说明
常规	不包含特定的数字格式
数值	可用于一般数字的表示，包括千位分隔符、小数位数、不可指定负数的显示方式
货币	可用于一般货币值的表示，包括货币符号、小数位数、不可指定负数的显示方式
会计专用	与货币一样，只是小数或货币符号是对齐的
日期	把日期和时间序列数值显示为日期值
时间	把日期和时间序列数值显示为时间值
百分比	将单元格值乘以 100 并添加百分号，还可以设置小数点的位置
分数	以分数显示数值中的小数，还可以设置分母的位数

续表

分类	说明
科学记数	以科学记数法显示数字，还可以设置小数点的位置
文本	在文本单元格格式中，数字作为文本处理
特殊	用来在列表或数据中显示邮政编码、电话号码、中文大写数字、中文小写数字
自定义	用于创建自定义的数字格式

4. 设置单元格格式

（1）设置单元格边框

要设置单元格的边框，可在【开始】选项卡的【字体】组中单击【边框】按钮，或使用【设置单元格格式】对话框中的【边框】选项卡。对于简单的单元格边框设置，在选定了要设置的单元格或单元格区域后，直接单击【开始】选项卡中【边框】按钮右侧的下三角按钮，弹出下拉列表，从中选取需要的边框线即可，如图 2-19 所示。

但是，使用【开始】选项卡进行边框设置有很大的局限性，而使用【设置单元格格式】对话框中的【边框】选项卡可以解决这一问题。选定要设置的单元格或单元格区域后，打开【设置单元格格式】对话框，选择【边框】选项卡，如图 2-20 所示。用户可根据对话框中提示的内容进行选择，然后单击【确定】按钮即可完成设置。

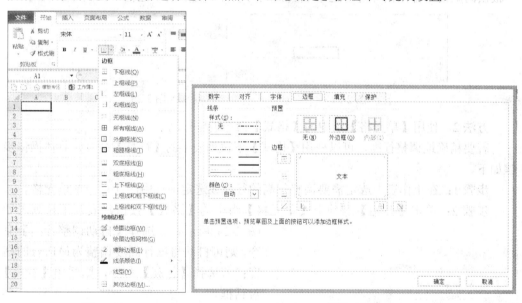

图 2-19　　　　　　　　　　　　　　　图 2-20

（2）设置单元格底纹

要设置单元格底纹，可以选定要设置底纹的单元格，单击【开始】选项卡【字体】组中的【填充颜色】按钮右侧的下三角按钮，在弹出的下拉列表中选择所需颜色，或利用【设置单元格格式】对话框中的【填充】选项卡进行底纹设置，如图 2-21 所示。

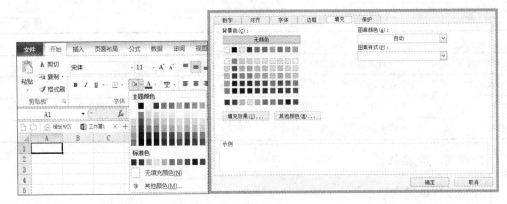

图 2-21

（3）调整行高

方法 1，使用鼠标拖拽框线调整行高。

在对单元格高度要求不是十分精确时，可按照如下步骤快速调整行高。

步骤 1：将鼠标指针指向任意一行行号的下框线，这时鼠标指针变为上下双向箭头，表明该行高度可用鼠标拖拽的方式自由调整，如图 2-22 所示。

步骤 2：拖拽鼠标指针上下移动，直到调整到适合的高度为止。拖拽时工作表中有一根横向虚线，释放鼠标时，这条虚线就成为该行调整后的下边框，如图 2-23 所示。

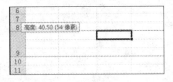

图 2-22　　　　　　　　　　　　　　图 2-23

方法 2，使用【单元格】组中的【格式】命令调整行高。

若要精确地调整行高，可以使用【格式】下拉列表中的【行高】命令，具体操作步骤如下。

步骤 1：在工作表中选定需要调整行高的行，或选定该行中的任意一个单元格。

步骤 2：单击【开始】选项卡【单元格】组中的【格式】按钮，展开下拉列表如图 2-24 所示。若选择【自动调整行高】命令，则可自动将该行高度调整为最适合的高度；若选择【行高】命令，则弹出【行高】对话框。

步骤 3：在【行高】文本框中输入所需高度的数值，如图 2-25 所示，单击【确定】按钮即可。

图 2-24　　　　图 2-25

此外，在工作表中选定需要调整行高的行，或选定该行中的任意一个单元格之后，勾选【设置单元格格式】对话框【对齐】选项卡中的【自动换行】复选框，Excel 将自动调整该行高度并使单元格中的内容完全显示。

（4）调整列宽

方法1，使用鼠标拖拽框线调整列宽。

当对单元格的列宽要求不十分精确时，可按如下的步骤快速调整列宽。

步骤1：将鼠标指针指向任意一列列标的右框线，这时鼠标指针变为左右双向箭头，表明该列宽度可用鼠标拖拽的方式自由调整。

步骤2：拖拽鼠标指针左右移动，直到调整到合适的宽度为止。拖拽时工作表中有一根纵向虚线，释放鼠标时，这条虚线就该成为该列调整后的右框线。

方法2，使用【单元格】组中的【格式】命令调整列宽。

若要精确地调整列宽，可以使用【格式】列表中【列宽】命令，具体操作步骤如下。

步骤1：在工作表中选定需要调整列宽的列，或选定该列中的任意一个单元格。

步骤2：单击【开始】选项卡【单元格】组中的【格式】按钮，展开下拉列表，如图 2-24 所示若选择【自动调整列宽】命令，则可自动将该列度调整为最适合的宽度；若选择【列宽】命令，则弹出【列宽】对话框。

图 2-26

步骤3：在【列宽】文本框中输入需要的宽度数值，如图 2-26 所示，单击【确定】按钮即可。

案例3　格式化工作表的高级技巧

1. 设置单元格样式和格式

（1）指定单元格样式

步骤1：选择要设置单元格样式的单元格。

步骤2：在【开始】选项卡的【样式】组中单击【单元格样式】按钮，弹出【单元格样式】下拉列表，如图 2-27 所示。

步骤3：从中单击选择一个预定样式，相应的格式即可应用到当前选定的单元格中。

步骤4：若要自定义单元格样式，则选择样式列表下方的【新建单元格样式】命令，即可打开【样式】对话框，如图 2-28 所示，为样式命名后单击【格式】按钮设置单元格格式，新建的单元格样式可以保存在单元格样式列表的【自定义】选项组中。

（2）套用表格格式

步骤1：选择要套用格式的单元格区域，在【开始】选项卡的【样式】组中单击【套用表格格式】按钮，弹出表格格式模板下拉列表，如图 2-29 所示。

步骤2：从中单击任意一个表格格式，相应的格式即可应用到当前选定的单元格区域中。

步骤3：若要自定义单元格格式，可选择格式列表下方的【新建表样式】命令，打开【新建表快速样式】对话框，如图 2-30 所示。在对话框中输入样式名称，选择需要设置的【表元素】并设置【格式】后，单击【确定】按钮，新建的单元格格式即可在格式列表中的【自定义】选项组中显示。

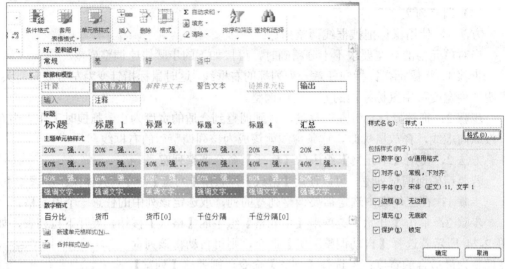

图 2-27   图 2-28

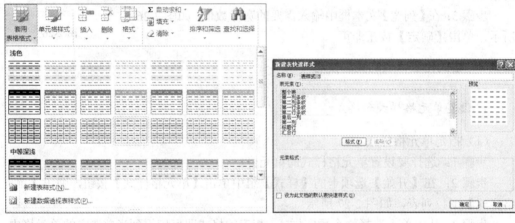

图 2-29   图 2-30

步骤 4：若要取消套用格式，可以选中已套用表格格式的区域，在【表格工具】→【设计】上下文选项卡的【表格样式】组中单击【其他】按钮，在弹出的样式列表中选择【清除】命令即可。

2. 使用与设置主题

（1）使用主题

新建工作表，在【页面布局】选项卡的【主题】组中单击【主题】按钮，打开主题下拉列表，如图 2-31 所示。单击主题图标，即可将选中的主题应用到当前工作表中。

（2）自定义主题

步骤 1：在【页面布局】选项卡的【主题】组中单击【颜色】按钮，在弹出的下拉列表中选择【新建主题颜色】命令，如图 2-32 所示，可以在弹出的【新建主题颜色】对话框中自行设置颜色组合。

步骤 2：单击【字体】按钮，在弹出的下拉列表中选择【新建主题字体】命令，如图 2-33 所示，可以在弹出的【新建主题字体】对话框中自行设置字体组合。

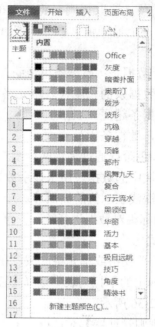

图 2-31　　　　　　　　　　　　图 2-32　　　　　　　　　　　　图 2-33

步骤 3：单击【效果】按钮，弹出下拉列表，可以在其中选择一组主题效果，如图 2-34 所示。

步骤 4：在【页面布局】选项卡的【主题】组中单击【主题】按钮，在弹出的主题列表中选择【保存当前主题】命令，弹出【保存当前主题】对话框。在【文件名】文本框中输入主题名称，然后选择保存位置，单击【保存】按钮，即可完成保存主题操作。新建主题可以在主题列表下的【自定义】选项组中显示。

3．实现表格格式化

（1）利用预置条件实现快速格式化

步骤 1：选中工作表中的单元格或单元格区域，在【开始】选项卡的【样式】组中单击【条件格式】按钮，即可弹出【条件格式】下拉列表，如图 2-35 所示。

步骤 2：将鼠标指针指向任意一个条件规则，即可弹出级联菜单，从中单击任意预置的条件格式，即可完成条件格式设置。

各项条件格式的功能如下。

① 突出显示单元格规则：使用大于、小于、等

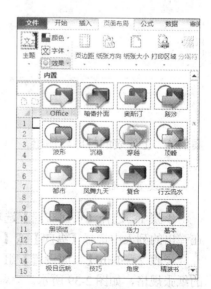

图 2-34

图 2-35

于、包含等比较运算符限定数据范围，对属于该数据范围内的单元格设置格式。

② 项目选取规则：将选取单元格区域中的前若干个最高值或后若干个最低值、高于或低于该区域平均值的单元格设置特殊格式。

③ 数据条：数据条可帮助查看某个单元格相对于其他单元格的值，数据条的长度代表单元格中的值。数据条越长，表示值越高；数据条越短，表示值越低。在观察大量数据中的较高值和较低值时，数据条用处很大。

④ 色阶：通过使用两种或三种颜色的渐变效果直观地比较单元格区域中的数据，用来显示数据分布和数据变化。一般情况下，颜色的深浅表示值的高低。

⑤ 图标集：可以使用图标集对数据进行注释，每个图标代表一个值的范围。

（2）自定义实现高级格式化

步骤 1：选中工作表中的单元格或单元格区域，在【开始】选项卡的【样式】组中单击【条件格式】按钮，在弹出的下拉列表中选择【管理规则】命令，弹出【条件格式规则管理器】对话框，如图 2-36 所示。

步骤 2：在【条件格式规则管理器】对话框中单击【新建规则】按钮，弹出【新建格式规则】对话框，如图 2-37 所示。在【选择规则类型】选项组中选择一个规则类型，然后在【编辑规则说明】选项组中设置规则说明，完成后单击【确定】按钮。

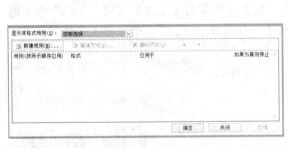

图 2-36

图 2-37

案例 4　工作表的打印与输出

1. 设置页面

步骤 1：选择【页面布局】选项卡，单击【页面设置】组中的【纸张方向】按钮，在弹出的列表中选择【纵向】或【横向】两种纸张方向，如图 2-38 所示。

步骤 2：单击【页面设置】组中【纸张大小】按钮，在弹出的下拉列表中选择合适的纸张规格，如图 2-39 所示。

此外，还可以单击【页面设置】组中的对话框启动器按钮，在弹出的【页面设置】

对话框中选择【页面】选项卡对页面进行设置，如图 2-40 所示。

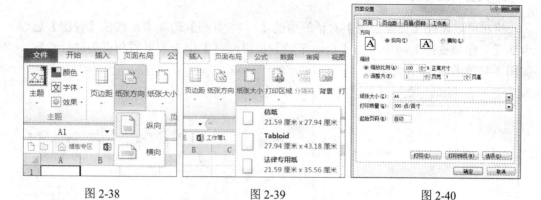

图 2-38   图 2-39   图 2-40

【页面】选项卡中各部分功能如下。

- 【方向】选项组：用于设置打印方向。
- 【缩放】选项组：可以通过设置缩放百分比来缩小或放大工作表，也可以通过设置页宽、页高来进行缩放。
- 【纸张大小】下拉列表框：用于设置纸张的大小，可以从其下拉列表中选择所需的纸张，默认的纸张大小为 A4。
- 【打印质量】下拉列表框：用于设置打印输出的质量。
- 【起始页码】文本框：用于设置页码的起始编号，默认从 1 开始编号，如果需要更改起始页码，直接在文本框中输入所需编号即可。

2. 设置页边距

在【页面布局】选项卡的【页面设置】组中单击【页边距】按钮，在弹出的列表中，可以选择 Excel 内置的【普通】【宽】【窄】3 种页边距样式，如图 2-41 所示。

若需要自定义页边距，则在弹出的下拉列表中选择【自定义边距】命令，或单击【页面设置】组中的对话框启动器按钮，弹出【页面设置】对话框。在该对话框中选择【页边距】选项卡，对页边距进行自定义设置，如图 2-42 所示。

图 2-41

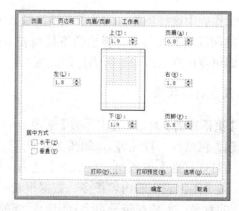

图 2-42

3. 设置页眉与页脚

用户可以通过【页面设置】对话框中的【页眉/页脚】选项卡，或在【视图】选项卡的【工作簿视图】组中单击【页面布局】按钮，对工作表的页眉和页脚进行设置，如图 2-43 和图 2-44 所示。

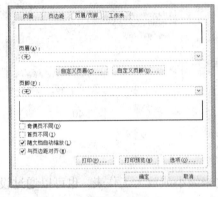

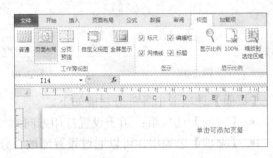

图 2-43   图 2-44

【页眉/页脚】选项卡各部分功能如下。

- 【页眉】【页脚】下拉列表框：单击其下拉按钮，在弹出的下拉列表中可以选择 Excel 内置的页眉、页脚。
- 【自定义页眉】【自定义页脚】按钮：单击【自定义页眉】按钮或【自定义页脚】按钮，在弹出的对话框中，用户可以自定义所需的页眉或页脚。
- 【奇偶页的不同】复选框：选中该复选框，则奇数页与偶数页的页眉和页脚不同。
- 【首页不同】复选框：选中该复选框，则首页的页眉和页脚与其他页不同。
- 【随文档自动缩放】复选框：勾选该复选框，则页眉和页脚随文档的调整自动放大或缩小。
- 【与页边距对齐】复选框：勾选该复选框，则页眉和页脚将与页边距对齐。

4. 设置打印区域

在工作表中选择需要打印的单元格区域，单击【页面布局】选项卡【页面设置】组中的【打印区域】按钮，在弹出的下拉列表中选择【设置打印区域】命令，如图 2-45 所示，即可将选择的区域设置为打印区域。

5. 设置打印效果

在【页面设置】对话框【工作表】选项卡中，用户可以设置一些打印的特殊效果（如打印标题、网络线、批注等），如图 2-46 所示。

- 【打印标题】选项组：包括两个选项，即【顶端标题行】和【左端标题列】。当某个工作表中的内容很多、数据很长时，为了能看懂每页内各列或各行所表示的意义，需要在每一页上打印出行或列的标题。

- 【网格线】复选框：勾选该复选框，即可在工作表中打印网格线。

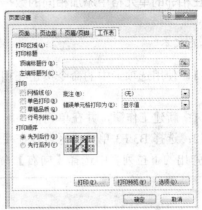

图 2-45　　　　　　　　　　　　　图 2-46

- 【单色打印】复选框：勾选该复选框，打印时可忽略其他打印颜色，适用于单色打印机用户。
- 【草稿品质】复选框：勾选该复选框，可缩短打印时间。打印时不打印网格线，同时图形以简化方式输出。
- 【行号列标】复选框：勾选该复选框，打印时打印行号和列标。行号打印在工作表数据的左端，列号打印在工作表数据的顶端。
- 【批注】下拉列表框：用于设置打印时是否包含批注，其中包含【无】【工作表末尾】【如同工作表中的显示】3 个选项。【工作表末尾】选项将批注单独打印在一页上，【如同工作表中的显示】选项将随工作表在批注显示的位置处打印。

6. 设置打印顺序

在【页面设置】对话框的【工作表】选项卡中，用户还可以设置打印顺序。打印顺序是指工作表中的数据如何阅读和打印，包括【先列后行】和【先行后列】两项，功能如下。

- 【先列后行】单选按钮：选择该单选按钮后，可先由上向下再由左向右打印。
- 【先行后列】单选按钮：选择该单选按钮后，可先由左向右再由上向下打印。

7. 设置图表选项卡

如果用户打印的是图表工作表或工作表中的图表，则【页面设置】对话框中的【工作表】选项卡变为【图表】选项卡，其他选项卡及其内容仍保持不变。

【图表】选项卡中各选项的功能如下。

- 【草稿品质】复选框：勾选该复选框，可忽略图形和网格线，加快打印速度，节省内存。
- 【按黑白方式】复选框：勾选该复选框，将以黑白方式打印图表数据。

案例5　在相邻的单元格中添加相同的数据

1. 填充文本

方法1，使用选项卡中的命令按钮在相邻的单元格中添加相同的文本，具体操作步骤如下。

步骤1：新建工作簿，并在单元格中输入文字。

步骤2：选择B3:F3单元格区域，在【开始】选项卡的【编辑】组中单击【填充】按钮，在弹出的下拉列表中选择【向右】命令，如图2-47所示。

图 2-47

步骤3：选择完成后，即可对选择的区域进行填充，填充后的效果如图2-48所示。

方法2，使用单元格填充柄在相邻的单元格中添加相同的文本，具体操作步骤如下。

步骤1：选择B3单元格，将鼠标指针移动到该单元格右下角的填充柄上，此时指针变为"加号"形状。

步骤2：按住鼠标左键拖拽单元格填充柄到要填充的单元格中，填充后的效果如图2-49所示。

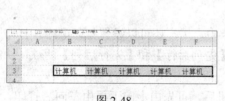

图 2-48

图 2-49

2. 自动填充可扩展序列数字和日期

步骤1：新建工作簿，在A1单元格中输入【2017/1/1】。

步骤2：选择A1单元格，将鼠标指针移动到该单元格右下角的填充柄上，当鼠标指针变为"加号"形状时，按住鼠标左键向下拖拽。

步骤3：此时Excel就会自动填充序列的其他值，填充完毕后即可看到实际效果，如图2-50所示。

3. 填充等差序列

图 2-50

步骤1：新建工作簿，在B1单元格中输入【3】，在B2单元格中输入【4.5】。

步骤 2：选择这两个单元格，向下拖拽其右下角的填充柄。

步骤 3：将其拖拽至合适位置上并释放鼠标，即可对选定的单元格进行等差序列填充，如图 2-51 所示。

4. 填充等比序列

步骤 1：新建工作簿，在 A1 单元格中输入【1】，然后选择从该单元格开始的行方向单元格区域或列方向单元格区域，此处选择 A1:D1 单元格区域。

步骤 2：在【开始】选项卡的【编辑】组中单击【填充】按钮，在弹出的下拉列表中选择【系列】命令，如图 2-52 所示，弹出【序列】对话框。

步骤 3：在【序列】对话框中选中【等比序列】单选按钮，在【步长值】文本框中输入【3】，如图 2-53 所示。

步骤 4：设置完成后，单击【确定】按钮即可完成填充，效果如图 2-54 所示。

图 2-51　　　　　图 2-52

图 2-53

图 2-54

5. 自定义自动填充序列

步骤 1：新建工作簿，在 A1:A5 单元格区域输入【分店一】～【分店五】，并将其选中，如图 2-55 所示。

步骤 2：单击【文件】选项卡，在弹出的后台视图中选择【选项】命令。

步骤 3：弹出【Excel 选项】对话框，选择【高级】选项卡，在右侧的【常规】选项组中单击【编辑自定义列表】按钮，如图 2-56 所示。

步骤 4：在弹出的【自定义序列】对话框中单击【导入】按钮，所选择的单元格区域的数据将添加到【自定义序列】列表框中，如图 2-57 所示。

步骤 5：单击【确定】按钮返回【Excel 选项】对话框，再单击【确定】按钮返回工作表。以后在需要输入【分店一】～【分店五】序列时，只需在第一个单元格中输入【分店一】，然后拖拽填充柄，即可自动填充序列。

注意：用户还可以直接通过【自定义序列】对话框输入要定义的序列，具体操作步骤如下。

步骤1: 在弹出的【自定义序列】对话框的【输入序列】文本框中输入需要定义的序列项, 每输入一个按一次【Enter】键。

步骤2: 单击【添加】按钮, 输入的序列项将添加到左侧【自定义序列】列表框中, 完成单击【确定】按钮即可。

图 2-55　　　　　　　图 2-56　　　　　　　　　图 2-57

2.2　工作簿与工作表的基本操作

案例6　工作簿的基本操作

1. 创建工作簿

（1）创建空白工作簿

选择【文件】选项卡中的【新建】命令, 或按【Ctrl+N】组合键, 在【可用模板】组中选择【空白工作簿】模板, 单击【创建】按钮即可创建新的空白工作簿, 如图 2-58 所示。

（2）基于现有工作簿创建新工作簿

步骤1: 选择【文件】选项卡中的【新建】命令, 在【可用模板】组中选择【根据现有内容新建】模板, 如图 2-58 所示。

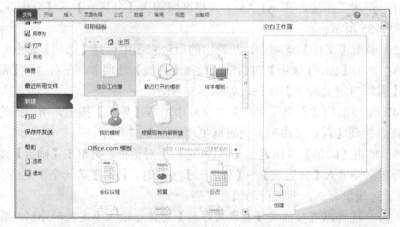

图 2-58

步骤 2：弹出【根据现有工作簿新建】对话框，选择要打开的工作簿，单击【新建】按钮即可。

（3）基于另一个模板创建新的工作簿

步骤 1：选择【文件】选项卡中的【新建】命令，在【可用模板】组中单击【我的模板】按钮，如图 2-58 所示。

步骤 2：弹出【新建】对话框，在该对话框中选择需要的模板，单击【确定】按钮即可。

2. 保存工作簿和设置密码

（1）保存工作簿

第一次保存工作簿的步骤如下。

步骤 1：选择【文件】选项卡中的【保存】命令，弹出【另存为】对话框。

步骤 2：选择保存位置，在【文件名】文本框中输入工作簿名，在【保存类型】下拉列表框中选择保存文件的格式，单击【保存】按钮，即可保存工作簿，如图 2-59 所示。

图 2-59

对已经保存过的文件，只需单击快捷访问工具栏上的【保存】按钮，或者直接按【Ctrl+S】组合键，或者选择【文件】选项卡中的【保存】命令，即可将修改或编辑过的文件按原路径保存。

（2）设置工作簿的密码

在保存工作簿时可以对其设置密码，具体操作步骤如下：

步骤 1：设置完工作簿保存位置、名称及保存类型后，单击【另存为】对话框中的【工具】按钮，在弹出的下拉列表中选择【常规选项】命令，如图 2-60 所示。

步骤 2：弹出【常规选项】对话框，如图 2-61 所示，在其中设置密码，设置完成后单击【确定】按钮。

步骤 3：弹出【确认密码】对话框，输入相同的密码，单击【确定】按钮，返回【另存为】对话框，单击【保存】按钮即可。

图 2-60   图 2-61

案例7　编辑工作簿

1. 选择单元格

（1）使用鼠标

用鼠标选择是最常用、最快速的方法，只需在单元格上单击即可，被选择的单元格称为当前单元格。

（2）使用编辑栏

在编辑栏中输入单元格名称，如输入【B2】，然后按【Enter】键即可选择第 B 列第2 行交汇处的单元格。

（3）使用方向键

使用键盘的上、下、左、右 4 个方向键，也可以选择单元格。在运行 Excel 2010 时，默认的选择是 A1 单元格，按向下方向键可选择下面的单元格，即 A2 单元格，按向右方向键，可选择右面的单元格，即 B1 单元格。

（4）使用定位命令

使用定位命令也可以选择单元格，具体操作步骤如下。

步骤1：新建工作簿，在【开始】选项卡的【编辑】组中单击【查找和选择】按钮，在弹出的下拉列表中选择【转到】命令，如图 2-62 所示。

步骤2：弹出【定位】对话框，在【引用位置】文本框中输入【H7】，如图 2-63 所示。

步骤3：单击【确定】按钮，这时 H7 单元格就被选中，如图 2-64 所示。

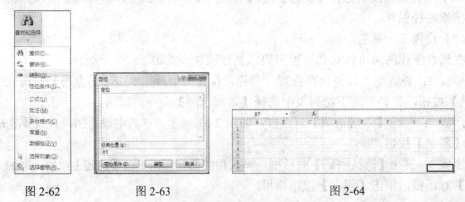

图 2-62   图 2-63   图 2-64

2. 选择单元格区域

（1）选择连续的单元格区域

步骤 1：新建工作簿，选择 A4 单元格，如图 2-65 所示。

步骤 2：按住鼠标左键，并拖动鼠标到 H10 单元格。

步骤 3：释放鼠标左键，即可选择 A4:H10 单元格区域，如图 2-66 所示。

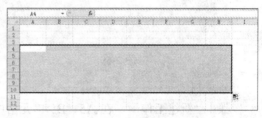

图 2-65　　　　　　　　　　　　　　　　　图 2-66

注意：还可以使用快捷键选择单元格区域。在选择 A4 单元格后，按住【Shift】键的同时单击 H10 单元格，也可以选择 A4:H10 单元格区域。

（2）选择不相邻的单元格区域

步骤 1：新建工作簿，选择 C2 单元格，按住鼠标左键并拖动鼠标到 H4 单元格，然后释放鼠标，如图 2-67 所示。

步骤 2：按住【Ctrl】键，同时按住并拖动鼠标选择 E5:M6 单元格区域，如图 2-68 所示。

图 2-67　　　　　　　　　　　　　　　　　图 2-68

注意：在一个工作簿中经常会选择一些特殊的单元格区域。

1）整行：单击工作簿的行号。

2）整列：单击工作簿的列标。

3）整个工作簿：单击工作簿左上角行号 1 与列标 A 的交叉处 ，或按【Ctrl+A】组合键。

4）相邻的行或列：单击工作簿的行号或列标，并按住鼠标左键沿行或列进行拖动。

5）不相邻的行或列：单击第一个行号或列标，按住【Ctrl】键，再单击其他的行号或列标。

3. 移动和复制单元格

（1）移动单元格

步骤 1：新建工作簿，在 A5 单元格中输入内容，如图 2-69 所示，将鼠标指针放置在 A5 单元格的边框处。

步骤 2：当指针变为十字形状以后，按住鼠标左键向下拖拽至 A11 单元格处，松开鼠标，A5 单元格中的内容就被移到 A11 单元格中了，如图 2-70 所示。

 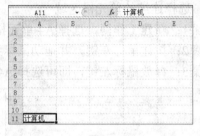

图 2-69　　　　　　　　　　　　　　　图 2-70

（2）复制单元格

步骤 1：新建工作簿，在 A5、B5 单元格中输入内容并选中，如图 2-71 所示，将鼠标指针放置在选中单元格的边框处。

步骤 2：按住【Ctrl】键，当鼠标指针变为 形状时，按住鼠标左键拖拽至 E7、F7 单元格处，松开鼠标左键，A5、B5 单元格中的内容就被复制到 E7、F7 单元格中了，如图 2-72 所示。

图 2-71　　　　　　　　　　　　　　　图 2-72

4. 插入行、列、单元格或单元格区域

（1）插入行、列

步骤 1：新建工作簿，选择一个单元格，在【开始】选项卡中单击【单元格】组中的【插入】按钮，如图 2-73 所示。

步骤 2：在弹出的下拉列表中选择【插入工作表行】命令，Excel 将在当前位置插入空行，原有的行自动下移；选择【插入工作表列】命令，Excel 将在当前位置插入空列，原有的列自动右移。

（2）插入单元格或单元格区域

步骤 1：新建工作簿，选择 B2:F7 单元格区域，在选择的单

图 2-73

元格区域中右击，在弹出的快捷菜单中选择【插入】命令，如图 2-74 所示。

步骤 2：弹出【插入】对话框，从中选择插入方式，如图 2-75 所示，单击【确定】按钮即可看到插入效果。

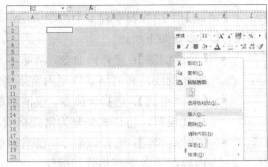

图 2-74　　　　　　　　　　　　　　　　　图 2-75

【插入】对话框有以下 4 个单选按钮。

- 【活动单元格右移】：选中该单选按钮，插入的单元格出现在所选单元格的左边。
- 【活动单元格下移】：选中该单选按钮，插入的单元格出现在所选单元格的上方。
- 【整行】：选中该单选按钮，在选定的单元格上面插入一行。
- 【整列】：选中该单选按钮，在选定的单元格左边插入一列。

5. 删除行、列单元格或单元格区域

（1）删除行和列

步骤 1：打开工作簿，选择 E4 单元格，在【开始】选项卡中单击【单元格】组中的【删除】按钮，在弹出的下拉列表中选择【删除单元格】命令，如图 2-76 所示。

步骤 2：弹出【删除】对话框，从中选择删除方式，单击【确定】按钮即可，如图 2-77 所示。

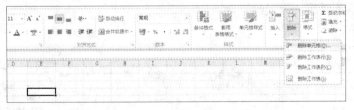

图 2-76　　　　　　　　　　　　　　　　　图 2-77

【删除】对话框中有以下 4 个单选按钮。

- 【右侧单元格左移】：选中该单选按钮，选定单元格或区域右侧已存在的数据将补充到该位置。
- 【下方单元格上移】：选中该单选按钮，选定单元格或区域下方已存在的数据将补充到该位置。
- 【整行】：选中该单选按钮，选定单元格或区域所在的行被删除。
- 【整列】：选中该单选按钮，选定单元格或区域所在的列被删除。

（2）清除单元格

打开工作簿，选择要清除内容的单元格区域，在【开始】选项卡中单击【编辑】组中的【清除】按钮，在弹出的下拉列表中选择清除命令即可，如图 2-78 所示。

图 2-78

【清除】下拉列表中有多个命令供用户选择，常用的几个命令如下所述。

- 【全部清除】：选择该命令，清除单元格的内容和批注，并将格式恢复为常规格式。
- 【清除格式】：选择该命令，仅清除单元格的格式设置，将格式恢复为常规格式。
- 【清除内容】：选择该命令，仅清除单元格的内容，不改变其格式和批注。

- 【清除批注】：选择该命令，仅清除单元格的批注，不改变单元格的内容和格式。

6. 美化单元格

（1）设置单元格图案

步骤 1：选择要填充图案的单元格。

步骤 2：在【开始】选项卡的【字体】组中单击对话框启动器按钮。

步骤 3：弹出【设置单元格格式】对话框，选择【填充】选项卡，如图 2-79 所示，在【图案颜色】下拉列表框中选择一种图案颜色，在【图案样式】下拉列表框中选择一种图案样式，单击【确定】按钮。

（2）设置工作表的背景图案

步骤 1：选中要设置背景的工作表。

步骤 2：在【页面布局】选项卡的【页面设置】组中单击【背景】按钮，如图 2-80 所示。

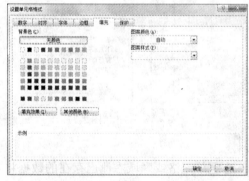

图 2-79

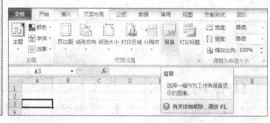

图 2-80

步骤 3：打开【工作表背景】对话框，在该对话框中选择所需图片，单击【插入】按钮即可，如图 2-81 所示。

案例 8　工作簿模板的使用与创建

1. 使用自定义模板创建新工作簿

Excel 2010 提供了很多默认的工作簿模板，使用模板可以快速创建同类型的工作簿。

　　步骤 1：单击【文件】选项卡，在弹出的后台视图中选择【新建】命令，在右侧的【可用模板】栏中选择【样本模板】，如图 2-82 所示。

图 2-81　　　　　　　　　　　　　　　　　　图 2-82

　　步骤 2：在弹出的列表框中选择【贷款分期付款】选项，如图 2-83 所示，单击【创建】按钮。

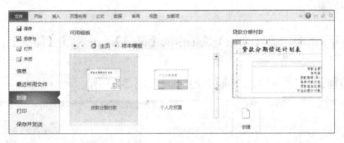

图 2-83

　　步骤 3：打开【贷款分期偿还计划表】，表中已经设置好了格式和内容，如图 2-84 所示，在工作表中输入数据即可。

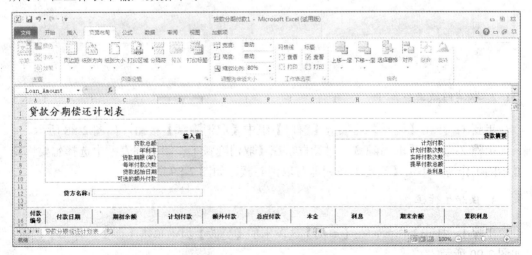

图 2-84

2. 创建模板

步骤 1：打开工作簿并进行调整和修改，只保留每个类似文件都需要的公用项目。

步骤 2：在【文件】选项卡中选择【另存为】命令，打开【另存为】对话框。

步骤 3：在【文件名】文本框中输入模板的名称，在【保存类型】下拉列表框中选择【Excel 模板】选项，如图 2-85 所示。

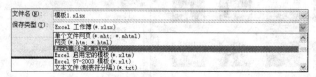

图 2-85

步骤 4：单击【保存】按钮，新模板将自动存放在 Excel 的模板文件夹中。

案例 9　工作簿的隐藏与保护

1. 隐藏工作簿

步骤 1：打开工作簿，在【视图】选项卡的【窗口】组中单击【隐藏】按钮，如图 2-86 所示。

步骤 2：当前工作簿窗口从屏幕上消失，如图 2-87 所示。

图 2-86

图 2-87

2. 取消隐藏工作簿

步骤 1：单击【视图】选项卡【窗口】组中【取消隐藏】按钮，如图 2-88 所示。

步骤 2：弹出【取消隐藏】对话框，在【取消隐藏工作簿】列表框中选择想要恢复显示的工作簿，单击【确定】按钮即可取消隐藏，如图 2-89 所示。

3. 保护工作簿

步骤 1：打开工作簿，在【审阅】选项卡的【更改】组中单击【保护工作簿】按钮，如图 2-90 所示。

步骤 2：弹出【保护结构和窗口】对话框，如图 2-91 所示，从中选中需要的复选框。

图 2-88

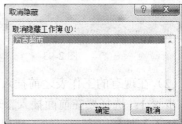

图 2-89

图 2-90

图 2-91

注意：在【保护结构和窗口】对话框中，有两个复选框可供用户选择。

- 【结构】：选中该复选框，将阻止其他人对工作簿的结构进行修改，包括查看已经隐藏的工作表，移动、删除、隐藏工作表或更改工作表的表名，将工作簿移动或复制到另一个工作表中等。
- 【窗口】：选中该复选框，将阻止其他人修改工作表窗口的大小和位置，包括移动窗口、调整窗口大小或关闭窗口等。

步骤 3：在【密码（可选）】文本框中输入密码，单击【确定】按钮，在随后弹出的【确定密码】对话框中再次输入相同的密码进行确认，单击【确定】按钮。

4. 取消工作簿的保护

步骤 1：打开需要取消保护的工作簿文档。

步骤 2：在【审阅】选项卡的【更改】组中单击【保护工作簿】按钮。

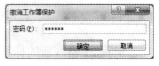

图 2-92

步骤 3：在弹出的【撤销工作簿保护】对话框中输入设置的密码，单击【确定】按钮即可，如图 2-92 所示。

案例 10　工作表的基本操作

1. 插入工作表

（1）在现有工作表的末尾快速插入新工作表

打开工作簿，单击工作表标签右侧的【插入工作表】按钮，如图 2-93 所示，新的工作表将在现有工作表的末尾插入，如图 2-94 所示。

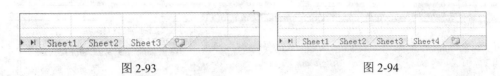

图 2-93　　　　　　　　　　　　　　图 2-94

（2）在现有的工作表之前插入新工作表

步骤 1：选择要在前面插入新表的工作表，在【开始】选项卡的【单元格】组中单击【插入】按钮，在弹出的下拉列表中选择【插入工作表】命令，如图 2-95 所示。

步骤 2：完成上述操作后，即可在选择的工作表前插入一个新的工作表，如图 2-96 所示。

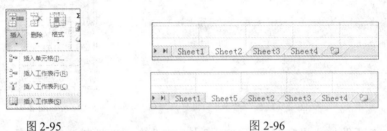

图 2-95　　　　　　　　　　　　　图 2-96

2．删除工作表

选择要删除的工作表，单击【开始】选项卡【单元格】组中的【删除】按钮，在弹出的下拉列表中选择【删除工作表】命令即可，如图 2-97 所示；或在工作表标签上右击，在弹出的快捷菜单中选择【删除】命令，如图 2-98 所示。

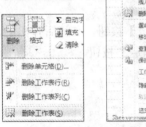

图 2-97　　图 2-98

3．改变工作表名称

（1）在工作表标签上直接重命名

步骤 1：双击要重新命名的工作表标签【Sheet1】，此时该标签已高亮显示，进入可编辑状态，如图 2-99 所示。

步骤 2：输入新的标签名，按【Enter】键即可完成对该工作的重命名操作，如图 2-100 所示。

（2）使用快捷菜单重命名

步骤 1：在要重命名的工作表标签上右击，在弹出的快捷菜单中选择【重命名】命令，如图 2-101 所示。

步骤 2：此时工作表标签高亮显示，在标签上输入新的标签名，按【Enter】键即可完成工作表的重命名，如图 2-102 所示。

4．设置工作表标签颜色

在要改变颜色的工作表标签上右击，在弹出的快捷菜单中选择【工作表标签颜色】

命令，如图 2-103 所示，或者在【开始】选项卡的【单元格】组中单击【格式】按钮，选择【组织工作表】下的【工作表标签颜色】命令，如图 2-104 所示，在随后显示的颜色下拉列表中单击选择一种颜色。

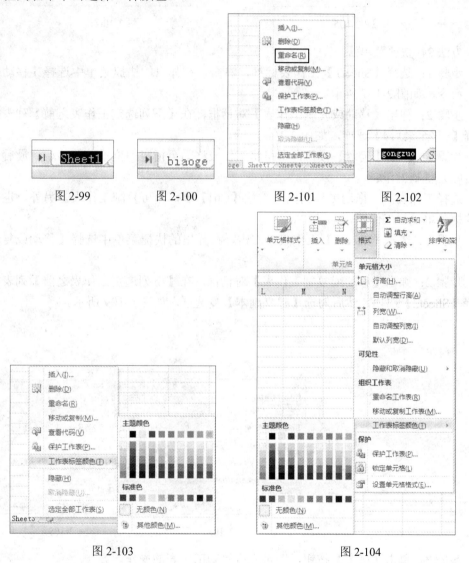

图 2-99　　　　图 2-100　　　　图 2-101　　　　图 2-102

图 2-103　　　　　　　　图 2-104

5. 移动或复制工作表

（1）移动工作表

可以在一个或多个工作簿中移动工作表，若要在不同的工作簿中移动工作表，则这些工作簿必须是打开的。移动工作表有以下两种方法。

方法 1，直接拖动法。

选择【Sheet1】工作表标签，按住鼠标左键不放，此时标签左上角出现黑色倒三角，如图 2-105 所示。拖拽鼠标指针到指定的新位置，黑色倒三角随鼠标指针移动而移动，到达目的位置后释放鼠标左键，工作表即移动到目的位置，如图 2-106 所示。

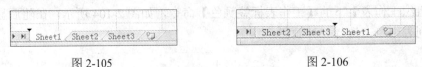

图 2-105　　　　　　　　　　　　　　　　图 2-106

方法 2，快捷菜单法。

步骤 1：选择【Sheet1】工作表标签，右击，在弹出的快捷菜单中选择【移动或复制】命令，如图 2-107 所示。

步骤 2：弹出【移动或复制工作表】对话框，在【下列选定工作表之前】列表框中选择【（移至最后）】选项，如图 2-108 所示。

步骤 3：单击【确定】按钮，即可将工作表移动至指定的位置，即移动到最后。

（2）复制工作表

选择工作表后，拖动鼠标的同时按住【Ctrl】键，即可复制工作表。另外，也可使用快捷菜单复制工作表。

步骤 1：选择【Sheet1】工作表，右击，在弹出的快捷菜单中选择【移动或复制】命令。

步骤 2：弹出【移动或复制工作表】对话框，在【下列选定工作表之前】列表框中选择【Sheet2】选项，然后勾选【建立副本】复选框，如图 2-109 所示。

图 2-107　　　　　　　　　图 2-108　　　　　　　　　图 2-109

步骤 3：单击【确定】按钮，即可完成复制工作表的操作。

【移动或复制工作表】对话框中有 3 个选项供用户选择。

- 【将选定工作表移至工作簿】下拉列表框：用于选择目标工作簿。
- 【下列选定工作表之前】列表框：用于选择将工作表复制或移动到目标工作簿的位置。如果选择列表框中的某一工作表标签，则复制或移动的工作表将位于该工作表之前；如果选择【（移至最后）】选项，则复制或移动的工作表将位于列表框中所有工作表之后。
- 【建立副本】复选框：勾选该复选框，则执行复制工作表的命令；不勾选该复选框，则执行移动工作表的命令。

6. 显示或隐藏工作表

（1）隐藏工作表

选择需要隐藏的工作表标签，右击，在弹出的快捷菜单中选择【隐藏】命令，则工作表被隐藏。

（2）取消隐藏工作表

在任意一个工作表标签上右击，在弹出的快捷菜单中选择【取消隐藏】命令，弹出【取消隐藏】对话框，选择要取消隐藏的工作表，单击【确定】按钮，即可将工作表取消隐藏。

7. 设置案例表格

步骤 1：打开 Excel 文件。

步骤 2：将【Sheet1】重命名为【员工信息档案】，将【Sheet2】重命名为【工资收支表】，如图 2-110 所示。

步骤 3：右击【员工信息档案】工作表标签，在弹出的快捷菜单中选择【工作表标签颜色】命令，在弹出的级联菜单中选择【深红】选项。

步骤 4：右击【Sheet3】工作表标签，在弹出的快捷菜单中选择【删除】命令，删除 Sheet3 工作表。

步骤 5：单击【员工信息档案】工作表标签，按住【Ctrl】键不放，将鼠标指针向右拖拽，当黑色的倒三角指向【工资收支表】左侧时释放鼠标左键，出现【员工信息档案（2）】工作表，如图 2-111 所示。

图 2-110

图 2-111

步骤 6：右击【员工信息档案（2）】工作表标签，在弹出的快捷菜单中选择【隐藏】命令，隐藏该工作表。

步骤 7：单击【文件】选项卡，选择【另存为】命令，打开【另存为】对话框，在【文件名】文本框中输入模板的名称，在【保存类型】下拉列表中选择【Excel 模板】选项，单击【保存】按钮保存工作表。

案例 11　保护和撤销保护工作表

1. 保护工作表

步骤 1：打开工作表。

步骤 2：在【审阅】选项卡的【更改】组中单击【保护工作表】按钮，弹出【保护工作表】对话框，在【允许此工作表的所有用户进行】列表框中勾选相应的编辑对象复选框，此处我们选择【选定锁定单元格】和【选定未锁定的单元格】复选框，并在【取消工作表保护时使用的密码】文本框中输入密码，如图 2-112 所示。

图 2-112

步骤 3：单击【确定】按钮，弹出【确认密码】对话框，在其中输入与刚才相同的密码。

步骤 4：单击【确定】按钮，当前工作表便处于保护状态。

2. 撤销工作表保护

步骤 1：在【审阅】选项卡的【更改】组中单击【撤销工作表保护】按钮，如图 2-113 所示。

步骤 2：若设置了密码，则会弹出【撤销工作表保护】对话框，输入保护时设置的密码，如图 2-114 所示。

图 2-113

图 2-114

步骤 3：单击【确定】按钮即可撤销工作表保护。

案例 12　选择及操作多张工作表

1. 选择多张工作表

1）选择全部工作表：在某个工作表的标签上右击，在弹出的快捷菜单中选择【选定全部工作表】命令，就可以选择当前工作表中的所有工作表。

2）选择连续的多张工作表：单击要选中的多张工作表中的第一个标签，按住【Shift】键不放，再单击最后一张工作表标签，就可以选择连续的多张工作表。

3）选择不连续的多张工作表：单击要选中的工作表标签，按住【Ctrl】键不放，再单击其他要选择的工作表标签，就可以选择不连续的一组工作表。

2. 同时对多张工作表进行操作

步骤 1：在【视图】选项卡的【窗口】组中单击【新建窗口】按钮，如图 2-115 所示，新建一个工作表窗口。

步骤 2：在【视图】选项卡的【窗口】组中单击【全部重排】按钮，弹出【重排窗口】对话框，从中选择窗口的排列方式后，单击【确定】按钮，如图 2-116 所示。

图 2-115

图 2-116

案例 13　工作窗口的视图控制

1. 多窗口显示与切换

在 Excel 中可以同时打开多个工作簿，若工作表很大，很难在一个窗口中显示出全部的行或列时，可以将工作表划分为多个临时窗口。

1）定义窗口：打开工作簿，选择【视图】选项卡【窗口】组，单击【新建窗口】按钮，原工作簿内容会显示在一个新的窗口中。

2）切换窗口：选择【视图】选项卡【窗口】组，单击【切换窗口】按钮，在弹出的下拉列表中将会显示所有窗口的名称，其中工作簿以文件名显示，工作表划分出的窗口则以【工作簿名：序号】的形式显示，单击其中的名称，就可以切换到相应的窗口。

3）并排查看：切换到一个工作簿中，在【视图】选项卡的【窗口】组中单击【并排查看】按钮，两个窗口将并排显示，如图 2-117 所示。默认情况下，操作一个窗口中的滚动条，另一个窗口将会同步滚动。若在【视图】选项卡的【窗口】组中单击【同步滚动】按钮，可以取消两个窗口的联动。再次单击【并排查看】按钮就可以取消并排。

2. 冻结窗口

在工作表的某个单元格中单击，单元格上的行和左侧的列将在锁定范围内。在【视图】选项卡的【窗口】组中单击【冻结窗格】按钮，从弹出的下拉列表中选择【冻结拆分窗格】命令，如图 2-118 所示。此后，当前单元格上方的行和左侧的列始终保持可见，不会随着操作滚动条而消失。

若是要取消窗口冻结，只需从【冻结窗格】下拉列表中选择【取消冻结窗格】命令即可。

3. 拆分窗口

在【视图】选项卡的【窗口】组中单击【拆分】按钮，以当前单元格为坐标，将窗口拆分为 4 个，每个窗口均可进行编辑，再次单击【拆分】按钮可以取消窗口拆分，如图 2-119 所示。

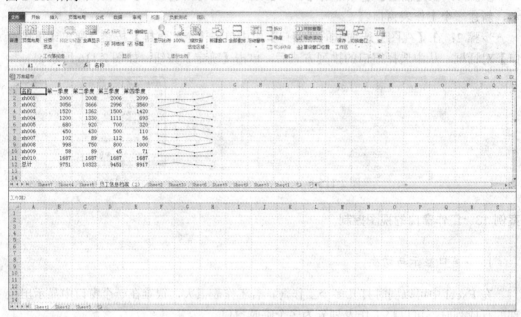

图 2-117

图 2-118   图 2-119

4. 缩放窗口

在【视图】选项卡的【显示比例】组中有【显示比例】【100%】【缩放到选定区域】按钮，如图 2-120 所示，下面分别进行介绍。

- 【显示比例】：单击该按钮，弹出【显示比例】对话框，可以自由指定一个显示比例，如图 2-121 所示。
- 【100%】：单击该按钮，可以恢复正常大小的显示比例。
- 【缩放到选定区域】：选择某一区域，单击该按钮，窗口中会显示选定区域。

图 2-120

图 2-121

2.3　Excel 公式和函数

案例 14　使用公式的基本方法

1. 公式的创建

在单元格或编辑栏中直接输入需要计算的公式，然后按【Enter】键即可。

2. 公式的复制

公式的复制方法与一般数据的复制方法相同。复制公式可以使不同的数据以相同的公式进行快速计算，从而提高工作效率。

3. 公式的删除

选择需要同时删除公式和数据的单元格，按【Delete】键即可将公式和单元格的数据一起删除。

4. 公式的编辑

对公式进行编辑其实就是对公式进行修改，输入错误的公式导致计算结果出错。修改公式的方法与在单元格中修改数据一样，可直接在单元格和编辑栏中进行修改。

以在【人员统计表】工作簿中创建销售额的计算公式为例，具体操作步骤如下。

步骤 1：打开 Excel 文件。

步骤 2：选择 B12 单元格，在编辑栏中输入总计的计算公式【=B3+B4+B5+B6+B7+B8+B9+B10+B11】，按【Enter】键计算出总计，如图 2-122 所示。

步骤 3：使用相同方法计算出 C3:C11 的总计，如图 2-123 所示。

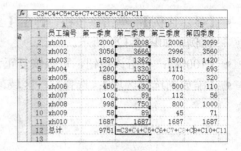

图 2-122　　　　　　　　　　　　　　　　　图 2-123

步骤 4：操作完成后即可计算出全年总计。

案例 15　单元格名称的定义及引用

1. 单元格名称的命名规则

为单元格或单元格区域命名需要遵守一定的规则，否则名称将不能使用。规则如下：

1）名称长度限制：即一个名称不能超过 255 个字符。

2）有效字符：名称中的第一个字符必须是字母、下划线或反斜杠（\），名称中的其余字符可以是字母、数字、句点和下划线，但名称中不能使用大、小写字母 "C" "c" "R" "r"。

3）名称中不能包含空格：名称中不允许使用空格，但小数点和下划线可用作分隔符，如 Glass_Info 等。

4）不能与单元格地址相同，如 A12、H4、R2C5 等。

5）唯一性原则：名称在其适用范围内不可重复，必须唯一。

6）不区分大小写：名称可以包含大、小写字母，但 Excel 在名称中不区分大、小写字母。

2. 命名单元格或单元格区域

在 Excel 中可对单元格和单元格区域进行命名，具体操作步骤如下。

步骤 1：打开 Excel 文件。

步骤 2：选择需要命名的单元格或单元格区域，双击【名称框】，定位文本插入点，在其中直接输入单元格或单元格区域的名称即可，如图 2-124 所示。

步骤 3：选择包含行/列标志的单元格区域，在【公式】选项卡【定义的名称】组中单击【定义名称】按钮，打开【新建名称】对话框，在【名称】文本框中输入单元格名称，在【范围】下拉列表中选择单元格名称的作用范围，然后单击【确定】按钮即可，如图 2-125 所示。

3. 单元格名称的引用方法

1）引用同一个工作簿中的单元格名称：选择【公式】选项卡【定义的名称】组，单击【用于公式】按钮，在弹出的下拉列表中选择【粘贴名称】命令，打开【粘贴名称】对话框。选择需要粘贴的名称后，单击【确定】按钮，该名称被插入到当前位置，如图 2-126 所示。

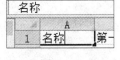

图 2-124   图 2-125

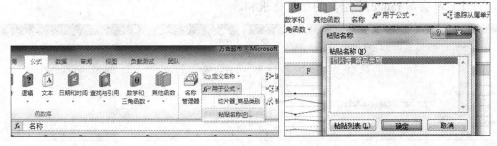

图 2-126

2）引用不同工作簿中的单元格名称：选择引用工作表单元格，输入等号"="，单击被引用工作表中的被引用单元格，按【Enter】键即可。

案例 16　使用函数的基本方法

函数可用于执行简单或复杂的计算。每个函数都由 3 部分构成。

1）=：表示后面跟着函数（公式）。函数的结构以等号开始，后面紧跟函数名称和左括号，然后以逗号分隔输入该函数的参数，最后是右括号。

2）函数名：表示将执行的操作。如果要查看可用函数的列表，可单击一个单元格并按【Shift+F3】组合键。

3）参数：参数可以是数字、文本、TRUE 或 FALSE 等逻辑值、数组、错误值、常量、公式或其他函数。

此外，还有参数工具提示，在输入函数时，会出现一个带有语法和参数的工具提示。

案例 17　Excel 中常用函数的应用方法

1. 求和函数

SUM(number1,[number2],…)，如图 2-127 所示。

功能：将指定的参数 number1、number2…相加求和。

参数说明：至少需要包含一个参数 number1，每个参数都可以是区域、单元格引用、数组、常量、公式或另一个函数的结果。

2. 条件求和函数

SUMIF(range,criteria,sum_range)，如图 2-128 所示。

功能：对指定单元格区域中符合指定条件的值求和。

参数说明：

1）range：必选参数，用于条件判断的单元格区域。

2）criteria：必选参数，指求和的条件，其形式可以为数字、表达式、单元格引用、文本或函数。

3）sum_range：可选参数区域，要求和的实际单元格区域，如果 sum_range 参数被省略，Excel 会对 range 中指定的单元格求和。

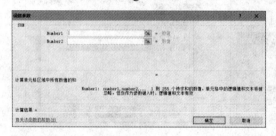
图 2-127

图 2-128

3. 多条件求和函数

SUMIFS(sum_range,criteria_range1,criteria1,[criteria_range2,criteria2],…)，如图 2-129 所示。

功能：对指定单元格区域中满足多个条件的单元格求和。

参数说明：

1）sum_range：必选参数，求和的实际单元格区域，忽略空白值和文本值。

2）criteria_range1：必选参数，在其中计算关联条件的第一个区域。

3）criteria1：必选参数，求和的条件，条件的形式可以为数字、表达式、单元格地址或文本。

4）criteria_range2,criteria2：可选参数，附加的区域及其关联条件，最多允许 129 个区域/条件，其中每个 criteria_range 参数区域所包含的行数和列数必须与 sum_range 参数相同。

4. 绝对值函数

ABS(number)，如图 2-130 所示。

功能：返回数值 number 的绝对值，number 为必选参数。

图 2-129　　　　　　　　　　　　　　　　　图 2-130

5. 向下取整函数

INT(number)，如图 2-131 所示。

功能：将数值 number 向下舍入到最接近的整数，number 为必选参数。

6. 四舍五入函数

ROUND(number,num_digits)，如图 2-132 所示。

功能：将制定数值 number 按指定的位数 num_digits 进行四舍五入。

图 2-131　　　　　　　　　　　　　　　　　图 2-132

7. 取整函数

TRUNC(number,[num_digits])，如图 2-133 所示。

功能：将指定数值 number 的小数部分截取，返回整数。num_digits 为取整精度，默认值为 0。

8. 垂直查询函数

VLOOKUP(lookup_value,table_array,col_index_num,[range_lookup])，如图 2-134 所示。

图 2-133　　　　　　　　　　　　　　　　　图 2-134

功能：搜索指定单元格区域的第一列，返回该区域相同行上任何指定单元格中的值。

参数说明：

1）lookup_value：必选参数，要在表格或区域的第一列中搜索到的值。

2）table_array：必选参数，要查找的数据所在的单元格区域，table_array 第一列中的值就是 lookup_value 要搜索的值。

3）col_index_num：必选参数，最终返回数据所在的列号 col_index_num 为 1 时，返回 table_array 第一列中的值，col_index_num 为 2 时，返回 table_array 第二列中的值，以此类推。如果 col_index_num 参数小于 1，则 VLOOKUP 返回错误#VALUE！；大于 table_array 的列数，则 VLOOKUP 返回错误值#REF！。

4）range_lookup：可选参数，该值为一个逻辑值，取值为 TRUE 或 FALSE，指定希望 VLOOKUP 查找的是精确匹配值还是近似匹配值。如果 range_lookup 为 TRUE 或被省略，则返回近似匹配值。如果找不到精确匹配值，则返回小于 look_value 的最大值。如果 range_lookup 参数为 FALSE，VLOOKUP 将只查找精确匹配值。如果 table_array 的第一列中有两个或更多值与 lookup_value 匹配，则使用第一个找到的值。如果找不到精确匹配值，则返回错误值#N/A。

9. 逻辑判断函数

IF(logical_test,[value_if_true],[value_if_false])，如图 2-135 所示。

功能：如果指定条件的计算结果为 TRUE，IF 函数将返回某个值；如果该条件的计算结果为 FALSE，则返回另一个值。

参数说明：

- logical_test：必选参数，作为判断条件，例如，A2=100 是一个逻辑表达式，如果单元格 A2 中的值等于 100，表达式的计算结果为 TRUE，否则为 FALSE。
- value_if_true：可选参数，logical_test 参数的计算结果为 TRUE 时所要返回的值。
- value_if_false：可选参数，logical_test 参数的计算结果为 FALSE 时所要返回的值。

10. 当前日期和时间函数

NOW()，如图 2-136 所示。

功能：返回当前日期和时间。当将数据格式设置为数值时，将返回当前日期和时间所对应的序列号，该序列号的整数部分表明其与 1900 年 1 月 1 日之间的天数。当需要在工作表上显示当前日期和时间，或者需要根据当前日期和时间计算一个值并在每次打开工作表时更新该值时，该函数很有用。

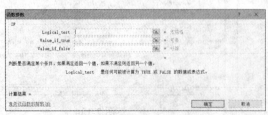

图 2-135

图 2-136

11. 年份函数

YEAR(serial_number)，如图 2-137 所示。

功能：返回指定日期对应的年份。返回值为 1900～9999 之间整数。

参数说明：serial_number 必须是一个日期值，其中包含要查找的年份。

12. 当前日期函数

TODAY()，如图 2-138 所示。

功能：返回今天的日期。当将数据格式设置为数值时，将返回今天日期所对应的序列号，该序列号的整数部分表明其与 1900 年 1 月 1 日之间的天数。通过该函数，可以实现无论何时打开工作簿时，工作表上都能显示当前日期；该函数也可以用于计算时间间隔和人的年龄。

参数说明：该函数没有参数，返回的是当前计算机系统的日期。

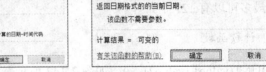

图 2-137　　　　　　　　　　　　　　图 2-138

13. 平均值函数

AVERAGE(number1,[number2],…)，如图 2-139 所示。

功能：求指定参数 number1、number2…的平均值。

参数说明：至少需要包含一个参数 number1，最多可包含 255 个参数。

14. 条件平均值函数

AVERAGEIF(range, criteria,[average_range])，如图 2-140 所示。

功能：对指定区域中满足给定条件的所有单元格中的数值求算术平均值。

图 2-139　　　　　　　　　　　　　　图 2-140

参数说明：

1）range：必选参数，用于条件计算的单元格区域。

2）criteria：必选参数，求平均值的条件，其形式可以为数字、表达式、单元格引用、文本或函数。

3）average_range：可选参数，要计算平均值的实际单元格。如果 average_range 参数被省略，Excel 会对在 range 参数中指定的单元格求平均值。

15. 多条件平均值函数

AVERAGEIFS(average_range,criteria_range1,criteria1,[criteria_range2,criteria2],…)，如图 2-141 所示。

功能：对指定区域中满足多个条件的所有单元格中的数值求算术平均值。

参数说明：

1）average_range：必选参数，要计算平均值的实际单元格区域。

2）criteria_range1,criteria_range2,…：在其中计算关联条件的区域。其中 criteria_range1 是必选项，criteria_range2,…是可选的，最多可以有 127 个区域。

3）criteria1,criteria2,…：求平均值的条件。其中 criteria1 是必选的，criteria2,…是可选的，最多可以有 127 个条件。

16. 计数函数

COUNT(value1,[value2],…)，如图 2-142 所示。

功能：统计指定区域中包含数值的个数，只对包含数字的单元格进行计数。

参数说明：至少包含一个参数，最多包含 255 个。

图 2-141 　　　　　　　　　　　　　　　　　　 图 2-142

17. 计数函数

COUNT(value1,[value2],…)，如图 2-143 所示。

功能：统计指定区域中不为空的单元格个数，可对包含任何类型信息的单元格进行计数。

参数说明：至少有一个参数，最多可以有 255 个参数。

18. 条件计数函数

COUNTIF(range,criteria)，如图 2-144 所示。

功能：统计指定区域中满足单个指定条件的单元格个数。

参数说明：

1）range：必选参数，计数的单元格区域。

2）criteria：必选参数，计数的条件，条件的形式可以为数字、表达式、单元格地址或文本。

图 2-143　　　　　　　　　　　　　　　　图 2-144

19. 多条件计数函数

COUNTIFS(criteria_range1,criteria1,[criteria_range2,criteria2],…)，如图 2-145 所示。

功能：统计指定区域内符合多个给定条件的单元格数量。可以将条件应用于跨多个区域的单元格，并计算符合所有条件的次数。

参数说明：

1）criteria_range1：必选参数，在其中计算关联条件的第一个区域。

2）criteria1：必选参数，计数的条件，条件的形式可以为数字、表达式、单元格地址或文本。

3）criteria_range2,criteria2：可选参数，附加的区域及其关联条件，最多允许 127 个区域/条件对。

每一个附加的区域都必须与参数 criteria_range1 具有相同的行数和列数。这些区域可以不相邻。

20. 最大值函数

MAX(number1,[number2],…)，如图 2-146 所示。

功能：返回一组值或指定区域中的最大值。

参数说明：至少有一个参数，且必须是数值，最多可以有 255 个参数。

图 2-145　　　　　　　　　　　　　　　　图 2-146

21. 最小值函数

MIN(number1,[number2],…)，如图 2-147 所示。

功能：返回一组值或指定区域中的最大值。

参数说明：至少有一个参数，且必须是数值，最多可以有 255 个参数。

22. 排位函数

RANK.EQ(number,ref,[order])和 RANK.AVG(number,[order])，如图 2-148 所示。

功能：返回一个数值在指定数值列表中的排位；如果多个值具有相同的排位，使用函数 RANK.AVG 将返回平均排位；使用函数 RANK.EQ 将返回实际排位。

参数说明：

1）number：必选参数，要确定其排位的数值。

2）ref：必选参数，要查找的数值列表所在位置。

3）order：可选参数，指定数值列表的排序方式。如果 order 为 0（零）或忽略，对数值的排位就会基于 ref 是按照降序排序的列表；如果 order 不为零，对数值的排位就会基于 ref 是按照升序排序的列表。

图 2-147

图 2-148

23. 文本合并函数

CONCATENATE(text1,[text2],…)，如图 2-149 所示。

功能：将几个文本项合并为一个文本项。可将最多 255 个文本字符串连接成一个文本字符串。连接项可以是文本、数字、单元格地址或这些项目的组合。

参数说明：至少有一个文本项，最多可有 255 个，文本项之间以逗号分隔。

24. 截取字符串函数

MID(text,start_num,num_chars)，如图 2-150 所示。

功能：从文本字符串中的指定位置开始返回特定个数的字符。

参数说明：

1）text：必选参数，包含要提取字符的文本字符串。

2）start_num：必选参数，文本中要提取的第一个字符的位置。文本中第一个字符的位置为 1，依此类推。

3）num_chars：必选参数，指定希望从文本串中提取并返回字符的个数。

图 2-149

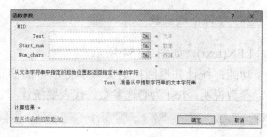

图 2-150

25. 左侧截取字符串函数

LEFT(text,[num_chars])，如图 2-151 所示。

功能：从文本字符串最左边开始返回指定个数的字符，也就是最前面的一个或几个字符。

参数说明：

1）text：必选参数，包含要提取字符的文本字符串。

2）num_chars：可选参数，指定要从左边开始提取的字符的数量。Num_chars 必须大于或等于零，如果省略该参数，则其默认值为 10。

26. 右侧截取字符串函数

RIGHT(text,[num_chars])，如图 2-152 所示。

功能：从文本字符串最右边开始返回指定个数的字符，也就是最后面的一个或几字符。

参数说明：

1）text：必选参数，包含要提取字符的文本字符串。

2）num_chars：可选参数，指定要提取的字符的数量。num_chars 必须大于或等于零，如果省略该参数，则其默认值为 10。

图 2-151

图 2-152

27. 删除空格函数

TRIM(text)，如图 2-153 所示。

功能：删除指定文本或区域中的空格。除了单词之间的单个空格外，该函数将会清除文本中所有的空格。在从其他应用程序中获取带有不规则空格的文本时，可以使用 TRIM 函数。

28. 字符个数函数

LEN(text)，如图 2-154 所示。

功能：统计并返回指定文本字符串中的字符个数。

参数说明：Test 为必选参数，代表要统计其长度的文本，空格也将作为字符进行计数。

图 2-153   图 2-154

案例 18　公式与函数的常见问题说明

1. 公式中的循环引用

（1）定位并更正循环引用

编辑公式时，若显示有关创建循环引用的错误消息，则很可能是无意中创建了一个循环引用，状态栏中会显示相关循环引用的信息。这种情况下，可以找到，并更正或删除这个错误的引用，具体操作步骤如下。

步骤 1：在【公式】选项卡的【公式审核】组中，单击【错误检查】右侧的下三角按钮，在弹出的下拉列表中选择【循环引用】命令，在弹出的级联菜单中即可显示当前工作表中所有发生循环引用的单元格位置，如图 2-155 所示。

图 2-155

步骤 2：在【循环引用】列表中单击某个发生循环引用的单元格名称，就可以定位该单元格，检查其发生错误的原因并进行更正，如图 2-156 所示。

图 2-156

步骤 3：继续检查并更正循环引用，直到全部改完为止。

（2）更改 Excel 迭代公式的次数，使循环引用起作用

若启用了迭代计算，但没有更改最大迭代或最大误差的值，则 Excel 会在 100 次迭代后，或者循环引用中的所有值在两次相邻迭代之间的差异小于 0.001 时（以先发生的

为准）停止计算。可以通过以下步骤设置最大迭代值和可接受的差异值。

步骤 1：在发生循环引用的工作表中，单击【文件】选项卡中的【选项】按钮，弹出【Excel 选项】对话框，选择【公式】选项卡。

步骤 2：在【计算选项】选项组中，选中【启用迭代计算】复选框，在【最多迭代次数】文本框中输入最大迭代次数，在【最大误差】文本框中输入两次计算结果之间可以接受的最大差异值。

2. Excel 中常见的错误值

公式一般由用户自定义，难免会出现错误。当输入的公式不能进行正确的计算时，将在单元格中显示一个错误值，如【#DIV/0!】【NULL!】【#NUM!】等，产生错误的原因不同，显示的错误值也不同。

1）#DIV/0!：以 0 作为分母或使用空单元格除以公式时将出现该错误值。

2）#NULL!：使用了不正确的区域运算或单元格引用将出现该错误值。

3）#NUM!：在需要使用数字参数的函数中使用了无法识别的参数；公式的计算结果太大或太小，无法在 Excel 中显示；使用 IRR、PATE 等迭代函数进行计算，无法得到计算结果，都将出现该错误值。

4）#N/A：公式中无可用的数值或缺少了函数参数将出现该错误值。

5）#NAME?：公式中引用了无法识别的文本，删除了正在使用的公式中的名称，使用文本时引用了不相符的数据，都将返回该错误值。

6）#REF!：引用了一个无定义的单元格，如从工作表中删除了被引用的单元格或公式使用的对象链接；嵌入链接所指向的程序未运行，都将出现该错误值。

7）#VALUE!：公式中含有错误类型的参数或操作数，如当公式需要数字或逻辑值时，输入了文本；将单元格引用、公式或函数作为数组常量进行输入，都将产生该错误。

2.4 在 Excel 中创建图表

案例 19 创建及编辑迷你图

1. 迷你图的特点及作用

1）迷你图是插入工作表单元格内的微型图表，可将迷你图作为背景在单元格内输入文本信息。

2）占用空间少，可以更加清晰、直观地表达数据的趋势。

3）可以根据数据的变化而变化，要创建多个迷你图，可选择多个单元格内相对应的基本数据。

4）可在迷你图的单元格内使用填充柄，方便以后为添加的数据行创建迷你图。

5）打印迷你图表时，迷你图将不会同时被打印。

2. 创建迷你图

下面通过销售量统计表讲述如何创建迷你图，具体操作步骤如下。

步骤 1：打开销售量统计表。

步骤 2：单击需插入迷你图的单元格。

步骤 3：在【插入】选项卡的【迷你图】组中，选择【折线图】类型，如图 2-157 所示。在弹出的【创建迷你图】对话框的【数据范围】文本框中设置含有迷你图数据的

单元格区域；在【位置范围】文本框中指定迷你图的旋转位置，默认情况下显示已选定的单元格地址，如图 2-158 所示。

步骤 4：单击【确定】按钮，即可插入迷你图。

图 2-157　　　　图 2-158

此外，还可向迷你图中输入文本信息，进行文本的设置，以及为单元格填充背景颜色等。

3. 改变迷你图的类型

创建迷你图后，可通过【迷你图工具】→【设计】上下文选项卡对迷你图的类型进行设置。

步骤 1：单击需改变类型的迷你图。

步骤 2：选择【迷你图工具】→【设计】上下文选项卡【类型】组中的某一类型，如选择【柱形图】，即可将迷你图改变为柱形图，如图 2-159 所示。

图 2-159

4. 突出显示数据点

用户可设置突出显示迷你图中的每项数据，具体操作步骤如下。

步骤 1：指定要突出显示数据点的迷你图。

步骤 2：选择【迷你图工具】→【设计】上下文选项卡，在【显示】组中进行下列设置。

- 显示最高值和最低值：分别选中【高点】和【低点】复选框。
- 显示第一个值和最后一个值：分别选中【首点】和【尾点】复选框。
- 显示所有数据标记：选中【标记】复选框。
- 显示复杂：选中【负点】复选框。

5. 设置迷你图样式和颜色

步骤 1：指定要设置样式和颜色的迷你图。

步骤 2：根据用户需求，在【迷你图工具】→【设计】上下文选项卡的【样式】组中单击要应用的样式。

单击【迷你图颜色】按钮，为迷你图定义颜色。

6. 处理隐藏和空的单元格

在设置迷你图时，可对空单元格进行处理，具体的操作步骤如下。

步骤 1：指定要设置的迷你图。

步骤 2：在【迷你图工具】→【设计】上下文选项卡的【迷你图】组中，单击【编辑数据】按钮下三角按钮，在弹出的下拉列表中选择【隐藏和清空单元格】命令，如图 2-160 所示。在弹出的【隐藏和空单元格设置】对话框中进行相应设置，如图 2-161 所示。

图 2-160

图 2-161

7. 清除迷你图

指定要清除的迷你图，在【迷你图工具】→【设计】上下文选项卡的【分组】组中单击【清除】按钮。

案例 20　创建图表

Excel 中的图表按照插入的位置，可以分为内嵌图表和工作图表。内嵌图表一般与数据源一起出现；工作表图表则与数据源分离。

按照表示数据的图形来区分，图表可分为柱形图、饼图和曲线图等多种类型。同一数据源可以使用不同的图表类型创建图表。

创建图表的方法有多种，下面介绍常用的两种方法。

1. 使用快捷键创建图表

步骤 1：选择数据区域中的某个单元格。

步骤 2：按【F11】键，即可创建默认表格图表，如图 2-162 所示。

2. 使用功能区创建图表

选择数据区域中任意一个单元格，在【插入】选项卡的【图表】组中单击所需的图表类型，在弹出的下拉列表中选择具体的类型；或单击对话框启动器按钮，弹出【插入图表】对话框，在对话框中根据需要选择图表，如图 2-163 所示。

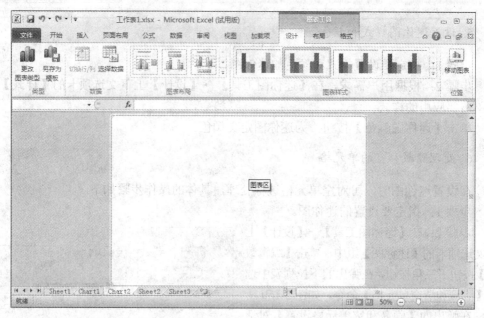

图 2-162

图 2-163

注意：可以在功能区中对图表类型、布局、样式、位置等进行更改。

案例 21　编辑图表

1. 修改图表

步骤 1：选择要进行编辑的图表区域。

步骤 2：选择【图表工具】→【布局】上下文选项卡，在【当前所选内容】组中单击【图表元素】下三角按钮，在弹出的下拉列表中选择所需的图表元素，以便对其进行格式的设置，如图 2-164 所示。

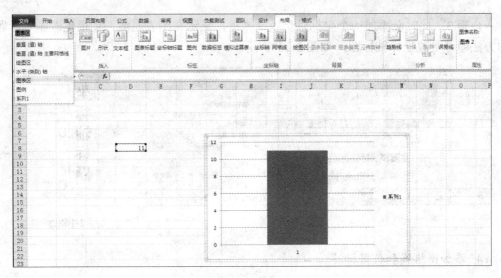

图 2-164

2. 更改图表类型

步骤 1：选择要更改图表类型的区域。

步骤 2：选择【图表工具】→【设计】上下文选项卡，在【类型】组中单击【更改图表类型】按钮，如图 2-165 所示。

步骤 3：弹出【更改图表类型】对话框，选择【折线图】选项卡，在右侧的折线图列表中选择【折线图】类型，如图 2-166 所示。

图 2-165

图 2-166

步骤 4：单击【确定】按钮，即可将图表类型改为折线图。

3. 编辑图表标题和坐标轴标题

利用【图表工具】→【布局】上下文选项卡，可以为图表添加图表标题和坐标轴标题。具体操作步骤如下。

步骤 1：将光标移至图表标题中，输入需要的文字即可为图表添加标题。

步骤 2：在【布局】选项卡中单击【标签】组中的【坐标轴标题】按钮，在弹出的下拉列表中选择【主要纵坐标轴标题】下的【坚排标题】命令，如图 2-167 所示。

步骤3：此时会添加一个坐标轴标题文本框，显示在图表左侧，使用更改图表标题的方法即可更改坐标轴标题，如图2-168所示。

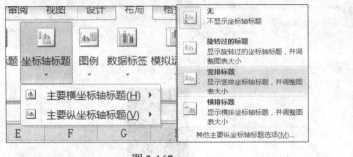 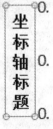

图2-167   图2-168

4. 添加网格线和数据标签

（1）添加网格线

为使图表中的数值更容易确定，可以使用网格线将坐标轴上的刻度进行延伸。

选择图表，在【布局】选项卡中单击【坐标轴】组中的【网格线】按钮，在弹出的下拉列表中选择【主要网格线】下的【次要网格线】命令，如图2-169所示。

（2）添加数据标签

步骤1：在图表中选择要添加数据标签的数据系列。

步骤2：在【图表工具】→【布局】上下文选项卡的【标签】组中单击【数据标签】按钮，在弹出的下拉列表中选择相应的显示命令，即可完成数据标签的添加，如图2-170所示。

图2-169   图2-170

5. 更改图表布局

步骤1：选择要更改布局的图表。

步骤2：在【图表工具】→【设计】上下文选项卡中单击【图表布局】组中的【其

他】按钮，在弹出的下拉列表中选择所需的图表布局，如图 2-171 所示。

图 2-171

6. 更改图表样式

步骤 1：选择要设置样式的图表。

步骤 2：在【图表工具】→【设计】上下文选项卡中单击【图标样式】组中的【其他】按钮，在弹出的下拉列表中选择所需的图表样式，如图 2-172 所示。

图 2-172

7. 复制、删除、格式化图表

（1）复制图表

选择图表，使用【复制】命令或按【Ctrl+C】组合键，将图表复制到剪贴板中。选择要放置图表的位置，使用【粘贴】命令或【Ctrl+V】组合键，即可复制一张新的图表。

（2）删除图表和图表元素

如果要把已经建立好的嵌入式图表删除，先单击图表，再按【Delete】键；对于图表工作表，可右击工作表标签，在弹出的快捷菜单中选择【删除】命令。如果不想删除图表，可使用【Ctrl+Z】组合键，将刚删除的图表恢复。

如果要删除图表元素先选择图表元素，然后按【Delete】键。不过这样仅删除图表数据，而工作表中的数据将不被删除。如果按【Delete】键删除工作表中的数据，则图表中的数据将自动被删除。

（3）格式化图表

对于图表中的各种元素，都可以进行格式化操作。格式化主要使用以下两个工具。

1）【设置所选内容格式】按钮：当激活要设置格式的图表元素后，【图表工具】及其 3 个选项卡即显示出来。在【布局】选项卡的【当前所选内容】组中单击【设置所选内容格式】按钮，就会弹出相应图表元素设置格式对话框，在该对话框中设置所选元素的格式。

2）【格式】选项卡：当图表元素被选定之后，会出【图表工具】→【格式】上下文选项卡。使用【格式】选项卡设置图表元素的格式与在 Word 中设置文档格式非常相似，这里不再详细介绍。

案例 22　打印图表

1. 打印整页图表

在工作表中放置单独的图表，即可直接将其打印到一张纸中。当用户的数据与图表在同一工作表中时，可先选择图表，然后单击【文件】选项卡中的【打印】按钮，即可将选中的图表打印在一张纸上。

2. 打印工作表中的数据

若不需要打印工作表中的图表，可只将工作表中的数据区域设置为打印区域，即可打印工作表中的数据，而不打印图表。

也可选择【文件】选项卡中的【选项】命令，在弹出的【Excel 选择】对话框中选择【高级】选项卡，在【此工作簿的显示选项】中的【对于对象，显示】选项组下，选中【无内容（隐藏对象）】单选按钮，隐藏工作表中的所有图表。这时再打印工作表，即可只打印工作表中的数据，而不打印图表。

3. 作为表格的一部分打印图表

若数据与图表在同一页中，可选择该页工作表，然后单击【文件】选项卡中的【打印】按钮即可。

2.5　Excel 数据分析及处理

案例 23　对表格数据进行合并计算

如果数据分散在各个明细表中，当需要将这些数据汇总到一个总表中时，可以使用合并计算功能。具体操作步骤如下。

步骤 1：打开一个含有 3 个工作表具体内容的 Excel 文件。

步骤 2：切换到【总计】工作表中，选中 A1 单元格，在【数据】选项卡的【数据工具】组中单击【合并计算】按钮，如图 2-173 所示。

步骤 3：弹出【合并计算】对话框，在【函数】下拉列表框中选择一个汇总函数，单击【引用位置】文本框右侧的按钮，如图 2-174 所示。

步骤 4：此时对话框变为缩略图，在第一个工作表中，选择 A1:C6 单元格区域，选择完成后单击【引用位置】文本框右侧的按钮。

图 2-173

图 2-174

步骤 5：返回【合并计算】对话框，单击【添加】按钮，再单击【引用位置】文本框右侧的按钮。

步骤 6：在第二个工作表中，选择 A1:C6 单元格区域，选择完成后单击【引用位置】文本框右侧的按钮。

步骤 7：返回【合并计算】对话框，单击【添加】按钮，再次单击【引用位置】文本框右侧的按钮。

步骤 8：在第三个工作表中，选择 A1:C6 单元格区域，选择完后单击【引用位置】文本框右侧的按钮。

步骤 9：返回【合并计算】对话框，单击【添加】按钮，然后单击【确定】按钮。

步骤 10：此时，选择的 3 个工作表的数据就可以进行合并计算，并在工作表中输入信息文本。

案例 24 数据排序

1. 简单排序

步骤 1：打开文件。

步骤 2：选择数据，在【数据】选项卡中单击【排序和筛选】组中的【升序】或【降序】按钮，即可按递增或递减方式对工作表中的数据进行排序，如图 2-175 所示。也可右击选择的数据，在弹出的快捷菜单中选择【排序】命令，然后从弹出的级联菜单中选择【升序】或【降序】命令对数据进行排序，如图 2-176 所示。

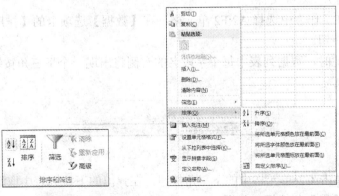

图 2-175

图 2-176

2. 复杂排序

步骤 1：打开文件。

步骤 2：单击【数据】选项卡【排序和筛选】组中的【排序】按钮。

步骤 3：打开【排序】对话框，在【列】区域下的【主要关键字】下拉列表框中选择【（列）A】选项，在【排序依据】下拉列表框中选择【数值】选项，在【次序】下拉列表框中选择【降序】选项，如图 2-177 所示。

步骤 4：单击【添加条件】按钮，在【列】区域下设置【次要关键字】，将【排序依据】设置为【数值】，将【次序】设置为【升序】，设置完成后单击【确定】按钮，如图 2-178 所示。

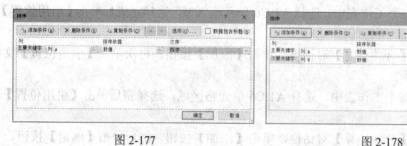

图 2-177　　　　　　　　　　　　　　　图 2-178

案例 25　数据筛选

在 Excel 中，用户可以使用自动筛选和高级筛选两种方法来对数据进行筛选。自动筛选器是一种简便的筛选列表方法，高级筛选器则可规定很复杂的筛选条件。这样就可以将那些符合条件的记录显示在工作表中，而将其他不满足条件的记录在视图中隐藏起来。

1. 自动筛选

（1）单条件筛选

单条件筛选就是将符合一种条件的数据筛选出来，具体操作步骤如下。

步骤 1：打开 Excel 文件。

步骤 2：在工作表中选择 A2:F2 单元格，在【数据】选项卡的【排序和筛选】组中单击【筛选】按钮。

步骤 3：此时，数据列表中每个字段名的右侧将出现一个下三角按钮，如图 2-179 所示。

图 2-179

步骤 4：单击 C2 单元格中的下三角按钮，在弹出的下拉列表中取消选中【全选】复选框，勾选【男】复选框，如图 2-180 所示。

步骤5：单击【确定】按钮即可看到其他成绩被隐藏，如图2-181所示。

图 2-180

某班级期末成绩					
学号	姓名	性别	语文	数学	外语
1	刘天一	男	100	90	80
2	王伟	男	90	90	87
3	王壮	男	78	75	74
4	张蕾	男	92	79	93
5	于少凡	男	87	96	89

图 2-181

（2）多条件筛选

多条件筛选就是将符合多个条件的数据筛选出来，具体操作步骤如下。

步骤1：打开 Excel 文件。

步骤2：在工作表中选择 D2 单元格，在【数据】选项卡的【排序和筛选】组中单击【筛选】按钮，进入【自动筛选】状态。单击【数学】单元格右侧的下三角按钮，在弹出的下拉列表中取消选中【全选】复选框，勾选【75】【79】【85】复选框，如图2-182所示。

步骤3：单击【确定】按钮即可看到实际筛选后的效果，如图2-183所示。

图 2-182

某班级期末成绩					
学号	姓名	性别	语文	数学	外语
3	王壮	男	78	75	74
4	张蕾	男	92	79	93
6	裴启佳	女	98	85	75

图 2-183

2. 高级筛选

在实际应用中，常常涉及到更复杂的筛选条件，利用自动筛选已无法完成，这时就需要使用高级筛选功能，具体操作步骤如下。

步骤1：打开 Excel 文件。选择 A2:F2 单元格区域，在【数据】选项卡的【排序和筛选】组中单击【筛选】按钮。

步骤 2：在【开始】选项卡【单元格】组中单击【插入】按钮中的下三角按钮，在弹出的下拉列表中选择【插入工作表行】命令，如图 2-184 所示，连续操作 3 次，共插入 3 行作为创建高级筛选的条件区域。

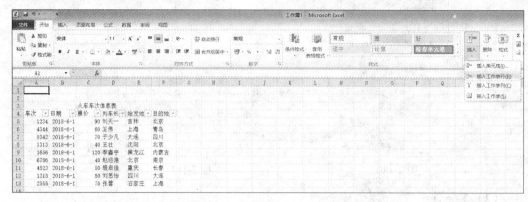

图 2-184

步骤 3：在插入的 3 行工作表行中建立条件列标签内容，如图 2-185 所示。

图 2-185

步骤 4：选择 A5 单元格，单击【数据】选项卡【排序和筛选】组中的【高级】按钮，弹出【高级筛选】对话框。

步骤 5：单击【列表区域】右侧的按钮，在工作表中选择 A5:F14 单元格区域，单击【条件区域】右侧的按钮，在工作表中选择条件区域 A1:B2，如图 2-186 所示。

步骤 6：返回【高级筛选】对话框，单击【确定】按钮即可完成筛选，如图 2-187 所示。

图 2-186

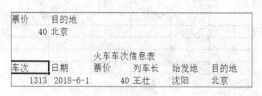

图 2-187

3. 自定义筛选

自动筛选数据时，如果自动筛选的条件不能满足用户需求，则需要进行自定义筛选。

步骤 1：打开 Excel 文件。选择 A2:F2 单元格区域，在【数据】选项卡的【排序和筛选】组中单击【筛选】按钮。

　　步骤 2：单击 C2 单元格中的下三角按钮，在弹出的快捷菜单中选择【数字筛选】→【大于】命令，如图 2-188 所示。

　　步骤 3：在弹出的【自定义自动筛选方式】对话框中单击【大于】右侧文本框中的下三角按钮，在打开的列表中选择【80】选项，如图 2-189 所示，单击【确定】按钮即可完成筛选。

　　　　　　图 2-188　　　　　　　　　　　　　　　　图 2-189

案例 26　分级显示及分类汇总

1. 创建分类汇总

　　使用分类汇总的数据列表时，每一列数据都有列标题。Excel 使用列标题来决定如何创建数据组及如何计算总和，具体操作步骤如下。

　　步骤 1：打开文件。

　　步骤 2：在【数据】选项卡的【分级显示】组中单击【分类汇总】按钮。

　　步骤 3：打开【分类汇总】对话框，在【分类字段】下拉列表框中选择【学号】选项，在【汇总方式】下可选择几个框的相应信息，在【选定汇总项】列表框中取消勾选其他选项。

　　步骤 4：设置完成后单击【确定】按钮，即可得到分类汇总结果。

2. 清除分类汇总

　　在不需要分类汇总时，可以将其删除。清除分类汇总的具体步骤如下。

　　步骤 1：选择分类汇总后的任意单元格，在【数据】选项卡的【分级显示】组中单击【分类汇总】按钮。

　　步骤 2：在弹出的【分类汇总】对话框中单击【全部删除】按钮即可。

3. 分级显示

（1）自行创建分级显示

　　步骤 1：打开需要建立分级显示的工作表，在数据列表中的任意位置上单击鼠标左键定位。

步骤 2：对作为分组依据的数据进行排序，在每组明细行的下方插入带公式的汇总行，输入摘要说明和汇总公式。

步骤 3：选择同组中的明细行或列，在【数据】选项卡【分级显示】组中单击【创建组】按钮中的下三角按钮，在弹出的下拉列表中选择【创建组】命令，所选行或列将联为一组，同时窗口左侧出现分级符号。依次为每组明细创建一个组，如图 2-190 所示。

图 2-190

（2）复制分级显示的数据

步骤 1：使用分级显示符号将不需要复制的明细数据进行隐藏，选择要复制的数据区域。

步骤 2：在【开始】选项卡【编辑】组中单击【查找和选择】按钮，在弹出的下拉列表中选择【定位条件】命令，如图 2-191 所示。

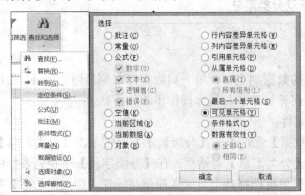

图 2-191

步骤 3：在【定位条件】对话框中，选中【可见单元格】单选按钮，如图 2-191 所示，单击【确定】按钮，通过【复制】【粘贴】命令将选定的分级数据复制到其他位置即可。

（3）删除分级显示

步骤 1：在【数据】选项卡【分级显示】组中，单击【取消组合】按钮中的下三角按钮，在弹出的下拉列表中选择【清除分级显示】命令，如图 2-192 所示。

步骤 2：若有隐藏的行列，可在【开始】选项卡【单元格】组中单击【格式】按钮，在弹出的下拉列表中选择【隐藏和取消隐藏】→【取消隐藏行】（【取消隐藏列】）命令，即可恢复显示，如图 2-193 所示。

图 2-192　　　　　　　　　　图 2-193

案例 27　设置数据透视表

1. 创建数据透视表

步骤 1：打开 Excel 文件。

步骤 2：在要创建数据透视表的数据清单中选择任意一个单元格。

步骤 3：在【插入】选项卡的【表格】组中单击【数据透视表】按钮，如图 2-194 所示。

步骤 4：弹出【创建数据透视表】对话框，如图 2-195 所示，单击【选择一个表或区域】项中【表/区域】文本框右侧的 ▦ 按钮选择数据。

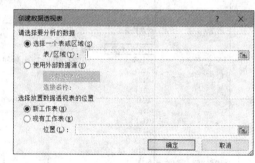

图 2-194　　　　　　　　　　图 2-195

步骤 5：单击【确定】按钮，空的数据透视表会放置在新插入的工作表中，并在右侧显示【数据透视字段列表】任务窗格，该任务窗格的上半部分为字段列表，下半部分为布局部分，包含【报表筛选】选项组、【列标签】选项组、【行标签】选项组和【数值】选项组，如图 2-196。

步骤 6：在【数据透视字段列表】任务窗格中单击【产品代号】右侧的下三角按钮，在弹出的下拉列表中选择【添加到报表筛选】命令；单击【产品种类】右侧的下三角按钮，在弹出的下拉列表中选择【添加到行标签】命令；单击【单价】右侧的下三角按钮，在弹出的下拉列表中选择【添加到列标签】命令；单击【数量】右侧的下三角按钮，在弹出的下拉列表中选择【添加到值】命令，从而完成数据透视表的创建，如图 2-197 所示。

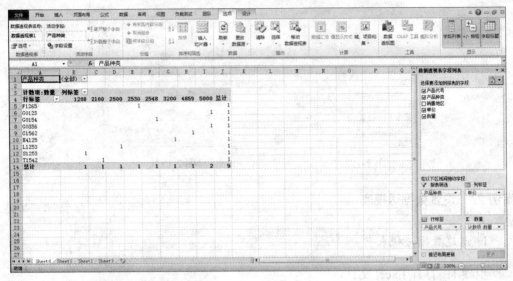

图 2-196

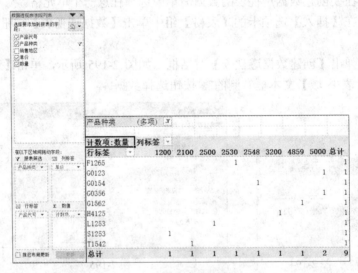

图 2-197

2. 设置数据透视表格式

步骤 1：单击数据透视表。

图 2-198

步骤 2：在【数据透视表工具】→【设计】上下文选项卡的【数据透视表样式选项】组中根据需要进行选择。若要用较亮或较浅的颜色格式替换每行，则勾选【镶边行】复选框；若要在镶边样式中包括行标题，则勾选【行标题】复选框；若要在镶样式中包括列标题，则勾选【列标题】复选框，如图 2-198 所示。

如果想要对数字格式进行修改，可以执行以下操作。

步骤 1：在数据透视表中，选择要更改数字格式的字段。

步骤 2：在【选项】选项卡的【活动字段】组中单击【字段设置】按钮，如图 2-199 所示。

步骤 3：弹出【值字段设置】对话框，单击对话框底部的【数字格式】按钮，弹出 【设置单元格格式】对话框，在【分类】列表框中选择所需的格式类别，如图 2-200 所示。

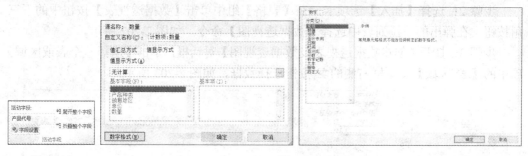

图 2-199　　　　　　　　　　　　　　　　图 2-200

3. 更新数据

创建了数据透视表后，如果在源数据中修改了数据，基于此数据清单的数据透视表并不会自动随之改变，需要更新数据源。

选中数据透视表，右击，在弹出的快捷菜单中选择【刷新】命令，即可将数据更新至数据透视表；也可以在【选项】选项卡的【数据】组中单击【刷新】按钮更新数据，如图 2-201 所示。

注意：和一般工作表相比，数据透视表具有透视性和只读性两个特点。

1）透视性：用户可根据需要，对数据透视表的字段进行设置，从多角度分析数据。此外，用户还可以改变汇总方式及显示方式，从而为分析数据提供了极大的方便。

2）只读性：数据透视表可以像一般工作表那样修饰或绘制图表，但有时候不能达到"即改即所见"的效果。也就是说，在源数据清单中更改了某个数据后，还必须通过【刷新】命令才能达到更新的目的。

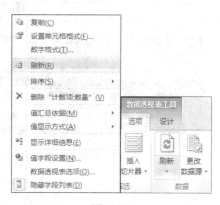

图 2-201

4. 删除数据透视表

步骤 1：在【数据透视表工具】→【选项】上下文选项卡中，单击【操作】组中的 【选择】按钮。

步骤 2：在弹出的下拉列表中选择【整个数据透视表】命令。

步骤 3：按【Delete】键即可删除透视表。

案例 28　设置数据透视图

1. 创建数据透视图

步骤 1：打开 Excel 文件。

步骤 2：选择【插入】选项卡，在【表格】组中单击【数据透视表】按钮中的下三角按钮，在弹出的下拉列表中选择【数据透视图】命令，如图 2-202 所示。

步骤 3：打开【创建数据透视表及数据透视图】对话框，单击【选择一个表或区域】项中的【表/区域】文本框右侧的  按钮选择数据，如图 2-203 所示。

图 2-202

产品代号	产品种类	销售地区	单价	数量
G0356	计算机游戏	中国	5000	500
S1253	绘图软件	东南亚	1200	500
G0123	计算机游戏	日本	5000	600
H4125	应用软件	韩国	3200	300
L1253	应用软件	韩国	2500	150
G1562	计算机游戏	中国	4859	200
F1265	绘图软件	日本	2530	240
G0154	绘图软件	日本	2548	150
T1542	计算机游戏	东南亚	2100	520

图 2-203

图 2-204

步骤 4：数据选择完成后，再次单击文本框右侧的 按钮，返回【创建数据透视表】对话框，如图 2-204 所示。

步骤 5：单击【确定】按钮，空的数据透视图会放置在新插入的工作表中，也会显示数据透视表，如图 2-205 所示。

图 2-205

步骤 6：在【数据透视表字段列表】任务窗格中单击【产品代号】右侧的下三角按钮，在弹出的下拉列表中选择【添加到报表筛选】命令；单击【产品种类】右侧下三角按钮，在弹出的下拉列表中选择【添加到轴字段】命令；单击【单价】右侧的下三角按钮，在弹出的下拉列表中选择【添加到图例字段】命令；单击【数量】右侧的下三角按钮，在弹出的下拉列表中选择【添加到值】命令，从而完成数据透视图的创建，如图 2-206 所示。

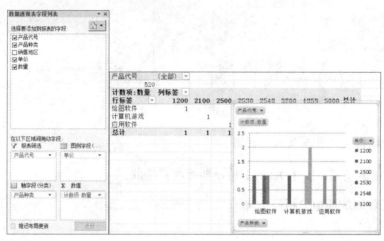

图 2-206

2. 调整数据透视图

（1）选择性显示分类变量

初始的数据透视图创建成功后，可以像数据透视表一样选取分类变量的不同类型。既可通数据透视表的过滤功能来实现数据透视图的实时更改，也可以使用【数据透视图筛选窗口】浮动栏来实现。

例如，在【数据透视表字段列表】任务窗格中，只勾选【产品种类】和【数量】复选框，在左侧就可以看到产品各类的数量。

（2）更改图表类型

步骤 1：选中数据透视图后，在【数据透视图】→【设计】上下文选项卡的【类型】组中单击【更改图表类型】按钮；或右击，在弹出的快捷菜单中选择【更改图表类型】命令，如图 2-207 所示。

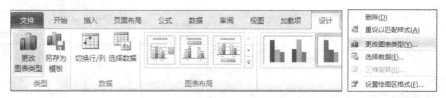

图 2-207

步骤 2：打开【更改图表类型】对话框，选择折线图，单击【确定】按钮即可得到更改后效果，如图 2-208 所示。

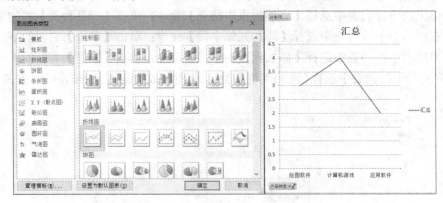

图 2-208

3. 删除数据透视表或数据透视图

选中数据透视图，按【Delete】键，即可将其删除。

案例 29　工作表的模拟分析及运算

1. 单变量模拟运算

步骤 1：在工作表中输入基础数据与公式，选择要创建模拟运算表的单元格区域，其中第 1 行包含变量单元格和公式单元格。

步骤 2：在【数据】选项卡的【数据工具】组中单击【模拟分析】按钮，在弹出的下拉列表中选择【模拟运算表】命令，如图 2-209 所示。

步骤 3：弹出【模拟运算表】对话框，如图 2-210 所示。若模拟运算表变量值在一列中输入，则应在【输入引用列的单元格】选项组中选择第一个变量值所在的位置；若模拟运算表变量值在一行中输入，则应在【输入引用行的单元格】选项组中选择第一个变量值所在的位置。

步骤 4：单击【确定】按钮，选定的区域将自动生成模拟运算表。

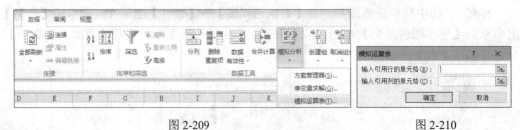

图 2-209　　　　　　　　　　　　　　　　　　　　　图 2-210

2. 双变量模拟运算表

步骤 1：在工作表中输入基础数据与公式，公式需要至少包括两个单元格引用，输入相关的变量值。

步骤 2：选择要创建模拟运算表的单元格区域，第一行和第一列需要包含公式单元格和变量值，目的是可以测算出不同单价、不同销量下利润的变化情况。

步骤 3：在【数据】选项卡的【数据工具】组中单击【模拟分析】按钮，在弹出的下拉列表中选择【模拟运算表】命令。

步骤 4：弹出【模拟运算表】对话框，对【输入引用列的单元格】【输入引用行的单元格】进行设置，单击【确定】按钮，在选定区域中即可自动生成模拟运算表。

案例 30 共享、修订、批注工作簿

1. 共享工作簿

共享工作簿是指允许网络上的多位用户同时查看和修订的工作簿。设定共享工作簿的操作步骤如下。

步骤 1：创建一个新工作簿或打开一个现有的工作簿。

步骤 2：单击【审阅】选项卡【更改】组中的【共享工作簿】按钮，即可打开【共享工作簿】对话框。

步骤 3：在【编辑】选项卡中勾选【允许多用户同时编辑，同时允许工作簿合并】复选框，如图 2-211 所示。

步骤 4：在【高级】选项卡中选择要用于跟踪和变化的选项，如图 2-212 所示。

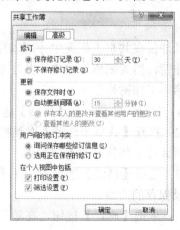

图 2-211   图 2-212

步骤 5：如果该工作簿包含指向其他工作簿或文档的链接，可以链接并更新任何损坏的链接，方法是在【数据】选项卡的【链接】组中单击【编辑链接】按钮，在打开的对话框中查看并更新链接后，对更新结果进行保存。

步骤 6：将该工作簿文件放到网络上其他用户可以访问的位置即可。

2. 编辑共享工作簿

步骤 1：打开网络共享位置的工作簿。

步骤 2：在【文件】选项卡中选择【选项】命令，打开【Excel 选项】对话框，选择【常规】选项卡，在【对 Microsoft Office 进行个性化设置】组中的【用户名】文本框中输入用户名（该名称用于在共享工作簿中标识特定用户的工作），单击【确定】按钮，如图 2-213 所示。

步骤 3：在共享工作簿的工作表中可以输入数据，并对其进行编辑修改。

步骤 4：保存对工作簿所做的更改。

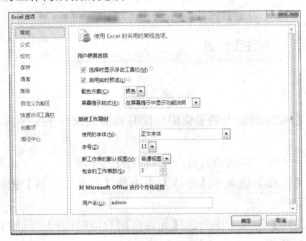

图 2-213

3. 修订工作簿

修订功能仅在共享工作簿中才可以启用。实际上，在打开修订时，工作簿会自动变为共享工作簿，当关闭修订或停止共享工作簿时，会永久删除所有修订记录。

（1）启用工作簿修订

步骤 1：打开工作簿，在【审阅】选项卡的【更改】组中单击【共享工作簿】按钮。

步骤 2：打开【共享工作簿】对话框，在【编辑】选项卡中勾选【允许多用户同时编辑，同时允许工作簿合并】复选框。

步骤 3：选择【高级】选项卡，在【修订】选项组的【保存修订记录】微调框中设定修订记录保存的天数。

步骤 4：单击【确定】按钮，在随后弹出的提示保存对话框中继续单击【确定】按钮保存工作簿。

（2）关闭工作簿的修订跟踪

步骤 1：在【审阅】选项卡的【更改】组中单击【共享工作簿】按钮。

步骤 2：弹出【共享工作簿】对话框，在【高级】选项卡中选中【不保存修订记录】单选按钮，单击【确定】按钮，在弹出的提示对话框中单击【确定】按钮。

4. 批注工作簿

利用添加批注功能，可以在不影响单元格数据的情况下对单元格内容添加解释、说明性文字，以方便他人对表格内容的理解，如图 2-214 所示。

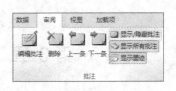

图 2-214

　　1）添加批注：单击需要添加批注的单元格，在【审阅】选项卡的【批注】组中单击【新建批注】按钮，或者从右键快捷菜单中选择【插入批注】命令，在批注框中输入批注内容。

　　2）查看批注：默认情况下批注是隐藏的，单元格右上角的红色三角形表示单元格中存在批注，将鼠标光标指向包含批注的单元格，批注就会显示出来以供查阅。

　　3）显示/隐藏批注：若想将批注显示在工作表中，在【审阅】选项卡的【批注】组中单击【显示/隐藏批注】按钮，将当前单元格中的批注设置为显示；单击【显示所有批注】按钮，将当前工作表中的所有批注设置为显示；再次单击【显示/隐藏批注】按钮或【显示所有批注】按钮，就可隐藏批注。

　　4）编辑批注：在含有批注的单元格中单击，在【审阅】选项卡的【批注】组中单击【编辑批注】按钮，可在批注中对批注内容进行编辑修改。

　　5）删除批注：在含有批注的单元格中单击，在【审阅】选项卡的【批注】组中单击【删除】按钮。

第3章 PowerPoint 2010 案例操作

本章主要介绍 PowerPoint 的基础知识、演示文稿的视图模式、演示文稿的外观设计，以及如何编辑幻灯片中的对象等。

3.1 PowerPoint 2010 的基础知识

案例 1 启动与退出操作

PowerPoint 2010 启用的新文件扩展名为 pptx。该文件由若干个幻灯片组成，并且按序号从小到大排列。

1. 启动 PowerPoint 2010

启动 PowerPoint 2010 的方法有以下几种。

1）执行【开始】→【Microsoft Office】→【Microsoft PowerPoint 2010】命令。

2）双击桌面上的 Microsoft PowerPoint 2010 快捷方式图标，即可启动 Microsoft PowerPoint 2010 程序。

3）双击文件夹中的 PowerPoint 演示文稿，启动该软件并打开演示稿。

2. PowerPoint 2010 窗口介绍

PowerPoint 2010 窗口如图 3-1 所示。

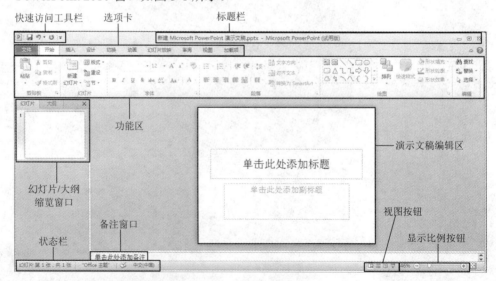

图 3-1

（1）功能区

在 PowerPoint 2010 中，用来代替菜单和工具栏的是功能区。为了便于浏览，功能区包含多个围绕特定方案或对象进行组织的选项卡。功能区与菜单栏和工具栏相比，能承载更多丰富的内容。

1）快速访问工具栏。在用户处理演示文稿的过程中，可能会执行某些常见的或重复性的操作。对于这类情况，可以使用快速访问工具栏，该工具栏位于功能区的左上方，包括【保存】【撤销】【恢复】等按钮。用户还可以根据需要添加常用的功能按钮，操作方法与 Word 类似。

2）标题栏。标题栏位于窗口的顶部，用来显示当前演示文稿的文件名，其右上角有【最小化】按钮，【最大化/向下还原】按钮和【关闭】按钮。【最大化/向下还原】按钮的下面是【功能区最小化】按钮，单击该按钮，可隐藏功能区中各选项卡中的选项组。拖动标题栏可以拖动窗口，双击标题栏可最大化或还原窗口。

3）选项卡。选项卡位于标题栏下方，常用的选项卡包括【文件】【开始】【插入】【设计】【切换】【动画】等。选项卡下还包括若干个组，有时根据操作对象不同，还会增加相应的选项卡，即上下文选项卡。

（2）演示文稿编辑区

演示文稿编辑区位于功能区下方，主要包括【幻灯片/大纲缩览】窗口、【幻灯片】窗口和【备注】窗口。

1）【幻灯片/大纲缩览】窗口：包括【幻灯片】和【大纲】两个选项卡。单击【幻灯片】选项卡，可以显示各幻灯片的缩略图。单击某幻灯片的缩略图，即可在幻灯片的窗口中显示该幻灯片。利用【幻灯片/大纲缩览】窗口可以重新排序，添加或删除幻灯片。在【大纲】选项卡中，可以显示各幻灯片的标题与正文信息，在幻灯片中编辑标题或正文信息时，大纲窗口也同时变化。

2）【幻灯片】窗口：包括文本、图片、表格等对象，在该窗口可编辑幻灯片内容。

3）【备注】窗口：用于标注对幻灯片的解释、说明等备注信息，供用户参考。

（3）状态栏

状态栏位于窗口左侧底部，在不同的视图模式下显示的内容会有所不同，主要显示当前幻灯片的序号、幻灯片主题和输入法等信息。

（4）视图按钮

视图按钮组中共有 4 个的按钮，分别是普通视图、幻灯片浏览、阅读视图和幻灯片放映。

（5）显示比例按钮

显示比例按钮位于视图按钮右侧，单击该按钮，可以在弹出的【显示比例】对话框中选择幻灯片的显示比例；拖动右侧的滑块也可以调节显示比例。

3. 退出 PowerPoint 2010

退出 PowerPoint 2010 的方法有以下几种。

1）单击 Microsoft PowerPoint 2010 窗口右上角的【关闭】按钮。

2）单击窗口左上角的 P 按钮，在弹出的下拉列表中选择【关闭】命令。

3）单击【文件】选项卡，在弹出的后台视图中选择【退出】命令。

4）按【Alt+F4】组合键。

图 3-2

5）右击标题栏，在弹出快捷菜单中选择【关闭】命令。

退出 PowerPoint 时，系统会弹出对话框，要求用户确认是否保存对演示文稿的编辑工作，单击【保存】按钮则保存文档后退出，单击【不保存】按钮则直接退出不保存文档，如图 3-2 所示。

3.2 演示文稿的基本操作

案例2 新建演示文稿

新建演示文稿的方法有以下几种。

1）启动 PowerPoint 2010 后，系统会新建一个空白的演示文稿。

2）单击【文件】选项卡，在打开的后台视图中选择【新建】命令，在右侧的【可用的模板和主题】选项组中选择要新建的演示文稿类型，单击【创建】按钮即可，如图 3-3 所示。

图 3-3

3）按【Ctrl+N】组合键，新建一个空白演示文稿。

案例3 插入和删除幻灯片

系统默认新建的幻灯片是【标题幻灯片】，在操作过程中有时需要继续添加或删除幻灯片。

1. 插入幻灯片

插入幻灯片的方法有以下几种。

1）选择【开始】选项卡，在【幻灯片】组中单击【新建幻灯片】按钮，如图 3-4 左图所示，即可在当前幻灯片的下面添加一个新的幻灯片。

2）在【幻灯片】窗口中选择幻灯片，按【Enter】键，可直接在该幻灯片下创建一张新的幻灯片，如图 3-4 右图所示。

3）选择幻灯片，按【Ctrl+D】组合键也可插入幻灯片。

2. 删除幻灯片

删除幻灯片的方法有以下两种。

1）在【幻灯片】窗口中选择幻灯片，右击，在弹出的快捷菜单中选择【删除幻灯片】命令，即可将选择的幻灯片删除，如图 3-5 所示。

图 3-4　　　　　　　　　　　　　　　图 3-5

2）在【幻灯片】窗口中选择幻灯片，按【Delete】键即可将其删除。

案例 4　编辑幻灯片信息

启动 PowerPoint 2010 之后，系统会新建一个默认的【标题幻灯片】，在其中可以进行以下编辑。

1. 使用占位符

幻灯片中的虚线边框为占位符。用户可以在占位符中输入标题、副标题或正文文本。

要在幻灯片的占位符中添加标题或副标题，可以先单击占位符，然后输入或粘贴文本。如果文本的大小超过占位符的大小，PowerPoint 会在输入文本时以递减的方式缩小字体的字号和字间距，使文本适应占位符的大小。

2. 使用【大纲】缩览窗口

在【大纲】选项卡中编辑文字，要注意文字的条理性。由于幻灯片篇幅有限，因此，幻灯片中的文字要简洁、清楚。具体操作步骤如下。

步骤 1：选择【大纲】选项卡，单击要添加标题的幻灯片。

步骤 2：直接输入标题内容，输入的内容同时也会在幻灯片中显示出来，如图 3-6 所示。

图 3-6

步骤 3：若要输入副标题，则将光标置入【大纲】选项卡中的标题后面，按【Enter】键，新建一张幻灯片。

步骤 4：选择【开始】选项卡，在【段落】组中单击【提高列表级别】按钮，即可将其转换为副标题，直接输入副标题即可，直接如图 3-7 所示。

图 3-7

3. 使用文本框

使用文本框可以将文本放置到幻灯片中的任意位置，如可以通过文本框为图片添加标题等。在文本框中添加文本的具体操作步骤如下。

步骤 1：选择【插入】选项卡，在【文本】组中单击【文本框】下三角按钮，在弹出的下拉列表中选择【横排文本框】或【垂直文本框】，如图 3-8 所示。

图 3-8

步骤 2：按住鼠标不放，在要插入文本框的位置拖拽绘制出文本框，在绘制好的文本框中输入文本即可。

案例 5 编辑文本

1. 更改文本外观

输入文本之后，为了使其更加美观，还可以对其进行修改，如更改文本的字体、字号等。具体操作步骤如下。

步骤 1：选择需要修改的文本。

步骤 2：选择【开始】选项卡，在【字体】组中的【字体】下拉列表框中选择一种字体，这里选择【方正兰亭超细黑简体】。

步骤 3：在【字体】组中的【字号】下拉列表框中选择一个字号，这里选择【72】。

步骤 4：在【字体】组中分别单击【加粗】按钮和【文字阴影】按钮，并将字体设置为红色，最终效果如图 3-9 所示。

图 3-9

2. 对齐文本

对齐文本是指更改文字在占位符或文本框中的对齐方式。具体操作步骤如下。

步骤 1：选择需要设置的文本。

步骤 2：选择【开始】选项卡，在【段落】组中单击【对齐文本】按钮，在弹出的下拉列表中选择一种对齐方式即可，如图 3-10 所示。

3. 设置文本的效果格式

除了用上述的方法编辑文本外，还可以使用【设置文本效果格式】对话框对文本进行编辑。具体操作步骤如下。

步骤1：选择需要设置的文本。

步骤2：选择【开始】选项卡，在【段落】组中单击【对齐文本】按钮，在弹出的下拉列表中选择【其他选项】命令，打开【设置文本效果格式】对话框，如图3-11所示。

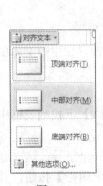

图 3-10

图 3-11

该对话框中包含【文本填充】【文本边框】【轮廓样式】【阴影】【映像】【发光和柔化边缘】【三维格式】【三维旋转】【文本框】选项卡，每个选项中又包含了若干个可设置的参数，通过设置这些参数，可以更改文本展示效果。

4. 添加项目符号和编号

（1）为文本添加项目符号

步骤1：选择需要添加项目符号的文本。

步骤2：选择【开始】选项卡，在【段落】组中单击【项目符号】按钮右侧的下三角按钮，在弹出的下拉列表中选择一种项目符号样式，这里选择【带填充效果的钻石型项目符号】，如图3-12所示。

步骤3：单击即可将项目符号添加到文本中。

（2）为文本添加编号

步骤1：选择需要添加编号的文本。

步骤2：选择【开始】选项卡，在【段落】组中单击【编号】按钮右侧的下三角按钮，在弹出的下拉列表中选择一种编号样式，这里选择数字编号，如图3-13所示。

步骤3：单击即可将编号添加到文本中。

图 3-12　　　　　　　　　　　图 3-13

案例 6　复制和移动幻灯片

当需要几张内容相同的幻灯片时，可以使用复制粘贴功能进行操作。

1. 复制幻灯片

步骤 1：在【幻灯片】窗口选择需要复制的幻灯片后右击，在弹出的快捷菜单中选择【复制】命令，如图 3-14 所示。

步骤 2：在【幻灯片】窗口选择目标幻灯片后右击，在弹出的快捷菜单中选择【粘贴选项】中的【保留源格式】命令，即可将该幻灯片粘贴在选择的目标幻灯片下方，如图 3-15 所示。

2. 移动幻灯片

在【幻灯片】窗口中选择需要移动的幻灯片，按住鼠标左键拖动幻灯片，当选择的幻灯片靠近其他幻灯片时可以看见一条显示线，表示即将插入的位置，释放鼠标左键即可改变幻灯片的位置，如图 3-16 所示。

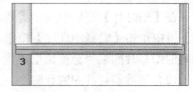

图 3-14　　　　　　　　图 3-15　　　　　　　　图 3-16

案例 7　放映和设置幻灯片

1. 放映幻灯片

幻灯片制作完成后，按【F5】键，或单击视图窗口中的【幻灯片放映】按钮，或利用【幻灯片放映】选项卡中【开始放映幻灯片】组中的命令均可放映幻灯片。【开始放映幻灯片】组中的命令按钮如图 3-17 所示。

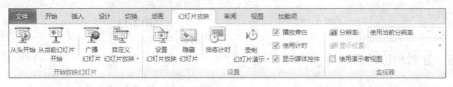

图 3-17

1)【从头开始】按钮：单击该按钮，幻灯片将从第一张开始播放。

2)【从当前幻灯片开始】按钮：单击该按钮，幻灯片将从当前页面开始播放。

3)【自定义幻灯片放映】按钮：单击该按钮，用户可以根据需要自定义演示文稿中要播放的幻灯片，具体操作步骤如下：单击【自定义幻灯片放映】按钮，在弹出的下拉列表中选择【自定义放映】命令。在弹出的【自定义放映】对话框中单击【新建】按钮，弹出【定义自定义放映】对话框，设置幻灯片放映名称，然后在左侧的列表框中选择需要放映的幻灯片，单击【添加】按钮后，单击【确定】按钮，返回【自定义放映】对话框，在【自定义放映】列表框中已添加了自定义的放映列表，单击【放映】按钮即可进行放映，如图 3-18 所示。

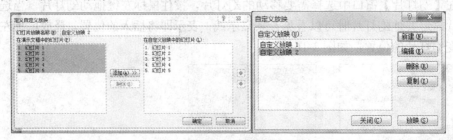

图 3-18

2. 设置幻灯片

（1）隐藏幻灯片

在【幻灯片】窗口中选中需要隐藏的幻灯片。选择【幻灯片放映】选项卡，在【设置】组中单击【隐藏幻灯片】按钮。幻灯片即可被隐藏，在【幻灯片】窗口中可以看到隐藏的幻灯片的编号会被黑框框住，如图 3-19 所示。

（2）清除幻灯片中的计时

选择【幻灯片放映】选项卡，在【设置】组中单击【录制幻灯片演示】按钮中的下三角按钮，在弹出的下拉列表中选择【清除】→【清除所有幻灯片中的计时】命令，如图 3-20 所示，即可将幻灯片中所有的计时清除。

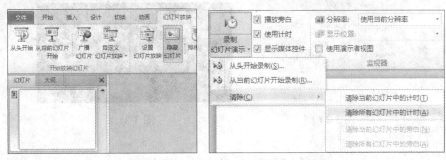

图 3-19　　　　　　　　　　　　　　图 3-20

（3）在播放时进行标注

步骤 1：放映幻灯片时，右击播放页面，在弹出的快捷菜单中选择【指针选项】→【笔】命令，如图 3-21 所示。

步骤 2：再次右击播放页面，在弹出的快捷菜单中选择【指针选项】→【墨迹颜色】→【红色命令】，如图 3-22 所示。

 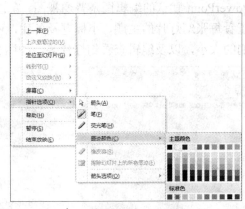

图 3-21　　　　　　　　　　　　　　图 3-22

步骤 3：设置完成后，即可对幻灯片中的文字图片进行标注。

步骤 4：按【Esc】键退出幻灯片播放，弹出提示对话框，单击【保留】按钮，如图 3-23 所示。

（4）屏幕的操作

PowerPoint 2010 在放映幻灯片时提供了多种灵活的幻灯片切换控制等操作，同时也允许幻灯片在放映时以黑屏或白屏的方式显示。

图 3-23

步骤 1：放映幻灯片时，右击播放页面，在弹出的快捷菜单中选择【屏幕】→【黑屏】命令，如图 3-24 所示。

步骤 2：执行该操作后，幻灯片将以黑屏的方式显示，如图 3-25 所示，按【Esc】键即可退出黑屏模式。

图 3-24   图 3-25

3.3　演示文稿的视图模式

PowerPoint 2010 包括普通视图、幻灯片浏览视图、备注页视图和阅读视图 4 种主要的视图方式。

案例 8　认识普通视图

PowerPoint 默认的编辑图是普通视图，在该视图中，用户可以设置段落、字符格式，可以查看每张幻灯片的主题、小标题及备注，还可以移动幻灯片图像和备注页方框，改变它们的大小，以及编辑查看幻灯片等，如图 3-26 所示。

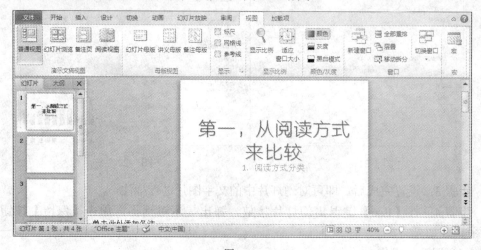

图 3-26

案例 9　认识幻灯片浏览视图

幻灯片浏览视图可以以缩略图的形式对演示文稿中的多张幻灯片同时进行浏览。在该视图中，可以输入、查看每张幻灯片的主题、小标题及备注，并且可以移动幻灯片图像和备注页方框，或改变它们的大小，使用户看出各个幻灯片之间的搭配是否协调。另外，还可以进行删除、移动及复制等操作，使用户可以更加方便、快捷地了解幻灯片的

情况。单击【视图】选项卡【演示文稿视图】组中的【幻灯片浏览】按钮，即可切换到
幻灯片浏览视图，如图 3-27 所示。

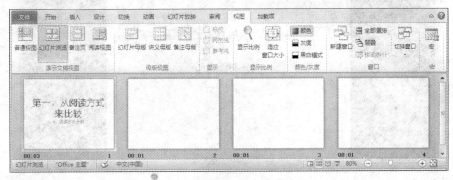

图 3-27

案例 10　认识备注页视图

备注页视图与其他视图的不同之处在于，它的上方显示幻灯片，下方显示备注页。
在此视图的模式下，用户无法对上方显示的当前幻灯片的缩略图进行编辑，但可以输入
或更改备注页中的内容。单击【演示文稿视图】组中的【备注页】按钮，即可切换到备
注页视图，如图 3-28 所示。若显示的不是要加备注的幻灯片，可以利用窗口右边的滚
动条找到所需的幻灯片。

图 3-28

案例 11　认识阅读视图

阅读视图是一种特殊的查看模式，它使用户在屏幕上阅读扫描文档更为方便。激活
后，阅读该视图将显示当前文档并隐藏大多数不重要的屏幕元素，包括 Microsoft
Windows 任务栏。阅读视图可通过大屏幕放映演示文稿，方便用户查看幻灯片的内容和
放映效果等，如图 3-29 所示。

图 3-29

3.4　演示文稿的外观设计

案例 12　设置主题

PowerPoint 2010 中提供了大量的主题样式，这些主题样式设计了不同的颜色、字体样式和对象颜色样式。用户可以根据不同的需求选择不同的主题直接应用于演示文稿中，还可以对所创建的主题进行修改，以达到令人满意的效果。

1. 应用内置主题

步骤 1：打开演示文稿文件。

步骤 2：选中第一张幻灯片，选择【设计】选项卡，在【主题】组中单击【其他】图标按钮，打开主题下拉列表进行选择，如图 3-30 所示。

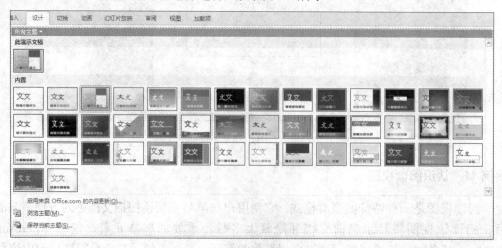

图 3-30

步骤 3：完成主题选择后的效果如图 3-31 所示。

图 3-31

2. 自定义主题设计

虽然内置主题类型丰富，但不是所有主题的样式都能符合用户的要求，这时可以对内置主体进行自定义设置。

（1）自定义主题颜色

步骤 1：选择【设计】选项卡，在【主题】组中单击【颜色】按钮，在弹出的下拉列表中选择【新建主题颜色】命令，如图 3-32 所示。

步骤 2：弹出【新建主题颜色】对话框，单击颜色块右侧的下三角按钮，在弹出的下拉列表中选择需要的颜色，设置完成后，在【名称】文本框中输入自定义颜色的名称，单击【保存】按钮，如图 3-33 所示。

步骤 3：返回演示文稿，再次单击【颜色】按钮，在下拉列表中可以看到刚添加的主题颜色，如图 3-34 所示。在自定义主题颜色上右击，在弹出的快捷菜单中可以进行相应的设置。

图 3-32

图 3-33

图 3-34

（2）自定义主题字体

步骤 1：选择【设计】选项卡，在【主题】组中单击【字体】按钮，在弹出的下拉列表中选择【新建主题字体】命令，如图 3-35 所示。

步骤 2：弹出【新建主题字体】对话框，在【中文】组中的【标题字体（中文）】下拉列表框中选择一种字体样式，如图 3-36 所示。

步骤 3：使用相同的方法设置【正文字体（中文）】，在【示例】列表框中可以预览设置完成后的字体样式，输入新建字体的名称，单击【保存】按钮。

步骤 4：返回到演示文稿中，在主题字体下拉列表中可以看到刚添加的字体，如图 3-37 所示。

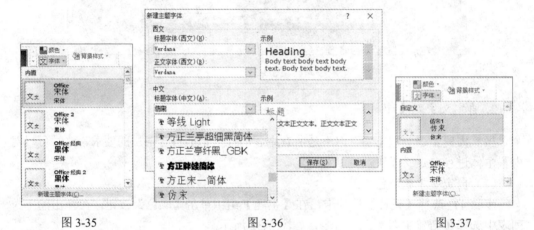

图 3-35　　　　　　　　　　　图 3-36　　　　　　　　　　　图 3-37

（3）自定义主题背景

步骤 1：选择【设计】选项卡，在【背景】组中单击【背景样式】按钮，在弹出的下拉列表中选择【设置背景格式】命令，如图 3-38 所示。

步骤 2：弹出【设置背景格式】对话框，在该对话框中可以设置背景的填充颜色，如图 3-39 所示，设置完成后单击【关闭】按钮，则当前幻灯片应用该背景。如果单击【全部应用】按钮，则全部幻灯片应用该背景。

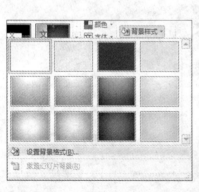

图 3-38　　　　　　　　　　　图 3-39

（4）设置主题背景样式

PowerPoint 2010 为每个主题提供了 12 种背景样式，如图 3-38 所示。用户可以选择其中一种快速改变演示文稿中所有幻灯片的背景，也可以只改变某一幻灯片的背景。通常情况下，从列表中选择一种背景样式，则演示文稿的全部幻灯片均采用该背景样式。若只希望改变部分幻灯片的背景，则右击背景样式，在弹出的快捷菜单中选择【应用于所选幻灯片】命令，选定的幻灯片将采用该背景样式，其他幻灯片背景不变。背景样式设置可以改变设有主题的幻灯片主题背景，也可以为未设置主题的幻灯片添加背景。

案例 13　设置背景

背景样式是当前演示文稿中主题颜色和背景样式的组合，背景设置主要在【设置背景格式】对话框的【填充】选项卡中完成。

1. 背景颜色填充

（1）纯色填充

选中【纯色填充】单选按钮，在【颜色】下拉列表中选择需要的背景颜色；也可以选择【其他颜色】命令，在弹出的【颜色】对话框中进行设置。拖动【透明度】滑块，设置颜色的透明度，如图 3-40 所示。

（2）渐变填充

选中【渐变填充】单选按钮，可以选择预设的颜色进行填充，也可以自定义渐变颜色进行填充。

预设颜色填充背景：单击【预设颜色】下拉列表框中的下三角按钮，在弹出的【颜色】下拉列表中选择一种预设颜色。

自定义渐变颜色填充背景：在【类型】下拉列表中选择一种渐变类型；在【方向】下拉列表中选择一种渐变方向；在【渐变光圈】选项组下，出现与所选颜色个数相等的渐变光圈个数，可以单击【添加渐变光圈】按钮添加或删除渐变光圈，或拖动【渐变光圈】滑块调节渐变颜色；在【颜色】下拉列表框中，用户可以对背景的主题颜色进行相应的设置。此外，拖动【亮度】和【透明度】滑块，还可以设置背景的亮度和透明度，如图 3-41 所示。

2. 图案填充

打开【设置背景格式】对话框，选择【填充】选项卡，选中【图案填充】单选按钮，在出现的图案列表中选择需要的图案，在【前景色】和【背景色】下拉列表框中可以自定义图案的前景颜色和背景颜色。单击【关闭】或【全部应用】按钮，所选图案即可成为幻灯片的背景，如图 3-42 所示。

3. 图片或纹理填充

（1）图片填充

打开【设置背景格式】对话框，选择【填充】选项卡，选中【图片或纹理填充】单选按钮，在【插入自】选项组中单击【文件】按钮，在弹出的【插入图片】对话框中选择需要的图片，单击【插入】按钮。返回【设置背景格式】对话框，单击【关闭】或【全部应用】按钮，所选图片即可成为幻灯片的背景。也可以选择剪贴画或剪贴板中的图片填充背景，若已经设置主题，则所设置的背景可能被主题背景图形所覆盖，此时可以在【设置背景格式】对话框中勾选【隐藏背景图形】复选框，如图 3-43 所示。

（2）纹理填充

打开【设置背景格式】对话框，选择【填充】选项卡，选中【图片或纹理填充】单选按钮，单击【纹理】按钮，在弹出的图案列表中选择需要的纹理，如图 3-44 所示。还可以在【平铺选项】选项组中设置偏移量、缩放比例、对齐方式和镜像类型。

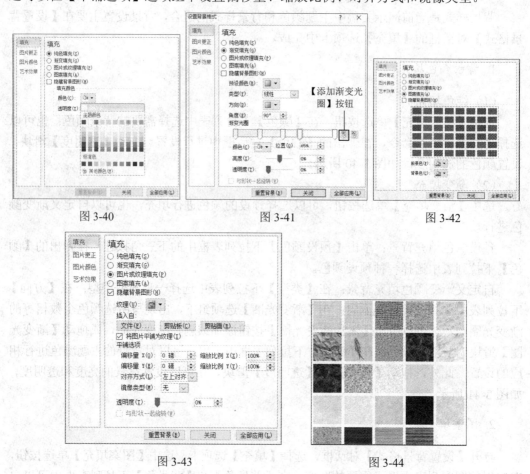

图 3-40   图 3-41   图 3-42

图 3-43   图 3-44

案例 14 制作幻灯片母版

幻灯片母版是演示文稿中的重要组成部分。使用母版可以使整个幻灯片具有统一的风格和样式，用户无须再对幻灯片进行设置，只需在相应的位置输入所需要的内容即可，从而减少了重复性工作。

1. 创建母版

在 PowerPoint 2010 中，母版分为 3 类：幻灯片母版、讲义母版和备注母版。

（1）创建幻灯片母版

步骤 1：选择【视图】选项卡，在【母版视图】组中单击【幻灯片母版】按钮，如图 3-45 所示。

步骤 2：此时系统会自动切换至【幻灯片母版】视图中，并在功能区最前面显示【幻灯片母版】选项卡，如图 3-46 所示。

图 3-45

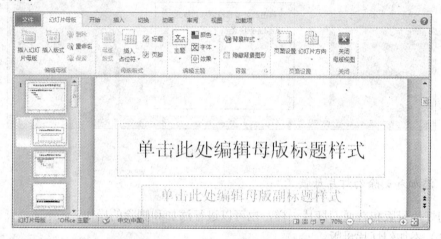

图 3-46

（2）创建讲义母版

步骤 1：选择【视图】选项卡，在【母版视图】组中单击【讲义母版】按钮。

步骤 2：此时系统会自动切换至【讲义母版】视图中，并在功能区最前面显示【讲义母版】选项卡，如图 3-47 所示。

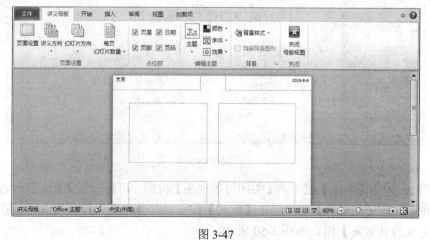

图 3-47

（3）创建备注母版

步骤1：选择【视图】选项卡，在【母版视图】组中单击【备注母版】按钮。

步骤2：此时系统会自动切换至【备注母版】视图中，并在功能区最前面显示【备注母版】选项卡，如图3-48所示。

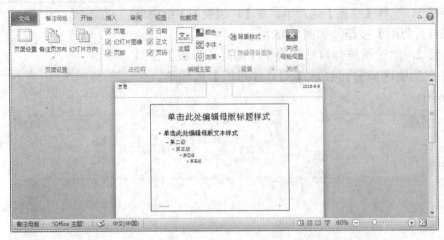

图3-48

2. 添加和删除幻灯片母版

幻灯片母版和普通幻灯片一样，也可以进行添加和删除的操作。

（1）添加幻灯片母版

步骤1：新建幻灯片母版，在【幻灯片母版】选项卡的【编辑母版】组中单击【插入幻灯片母版】按钮，即可插入一张新的幻灯片母版，如图3-49所示。

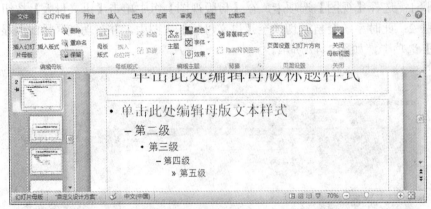

图3-49

步骤2：单击【关闭】组中的【关闭母版视图】按钮，可将母版关闭。这时选择【开始】选项卡，在【幻灯片】组中单击【版式】按钮，在弹出的下拉列表中可以看到增加了【自定义设计方案】组，如图3-50所示。

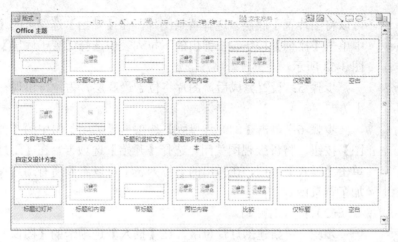

图 3-50

（2）删除幻灯片母版

步骤 1：选中需要删除的母版，在【幻灯片母版】选项卡的【编辑母版】组中单击【删除】按钮，即可将选中的幻灯片母版删除。

步骤 2：关闭母版。这时再打开【版式】下拉列表，可以看到选中的母版已被删除。

3. 重命名幻灯片母版

创建完幻灯片母版后，每张幻灯片版式都有属于自己的名称，可以对该幻灯片进行重命名。

步骤 1：在【幻灯片母版】选项卡的【编辑母版】组中单击【重命名】按钮。

步骤 2：弹出【重命名版式】对话框，在【版式名称】文本框中输入新版式的名称，单击【重命名】按钮即可。

4. 设置幻灯片母版背景

（1）插入图片

步骤 1：新建幻灯片母版，在【插入】选项卡的【图像】组中单击【图片】按钮，如图 3-51 所示。

步骤 2：弹出【插入图片】对话框，选择素材图片，单击【插入】按钮。

步骤 3：图片插入到幻灯片中后，同时会出现【图片工具】→【格式】上下文选项卡，如图 3-52 所示。

图 3-51

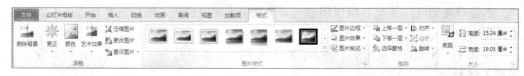

图 3-52

步骤 4：此时图片位于最顶层，为保证作为背景的图片不会遮盖占位符中的内容，

图 3-53

可以将图片置于底层。选择背景图片，在【开始】选项卡的【绘图】组中单击【排列】按钮，在弹出的下拉列表中选择【置于底层】命令，如图 3-53 所示。

步骤 5：设置完成后，图片将位于最底层，占位符出现在背景图片上方。

步骤 6：单击【幻灯片母版】选项卡【关闭】组中的【关闭母版视图】按钮，将母版视图关闭。选择【开始】选项卡，在【幻灯片】组中单击【版式】按钮，在弹出的下拉列表中可以看到所有幻灯片版式都添加了背景图片。

（2）插入剪贴画

步骤 1：新建幻灯片母版，在【插入】选项卡的【图像】组中单击【剪贴画】按钮，弹出【剪贴画】任务窗格。

步骤 2：在【剪贴画】任务窗格的【搜索文字】文本框中输入搜索文字，单击【搜索】按钮，符合条件的图片即可被搜索出来，如图 3-54 所示，选择图片后单击其右侧的下三角按钮，在弹出的列表中选择【插入】命令。

步骤 3：此时剪贴画插入到幻灯片中，调整其位置，并将其放置在背景图片上层。

步骤 4：此时剪贴画在最顶层，为保证作为背景的剪贴画不会遮盖占位符中的内容，可以将剪贴画置于底层。选择剪贴画，在【开始】选项卡的【绘图】组中单击【排列】按钮，在弹出的下拉列表中选择【置于底层】命令。

步骤 5：设置完成后，剪贴画将位于最底层，占位符出现在剪贴画上方。

5. 保存幻灯片母版

步骤 1：单击【文件】选项卡，选择【另存为】命令。

步骤 2：在弹出的【另存为】对话框中输入文件名，将【保存类型】设置为【PowerPoint 模板】，设置完成后单击【保存】按钮即可。

图 3-54

6. 设置占位符

（1）插入占位符

占位符是幻灯片的重要组成部分。如果常用一种占位符，可以将其直接插入到母版中方便操作。

步骤 1：新建幻灯片母版后插入幻灯片母版，在幻灯片栏中选择【仅标题】版式，如图 3-55 所示。

步骤 2：在【幻灯片母版】选项卡的【母版版式】组中单击【插入占位符】按钮，在弹出的下拉列表中选择【图表】命令，如图 3-56 所示。

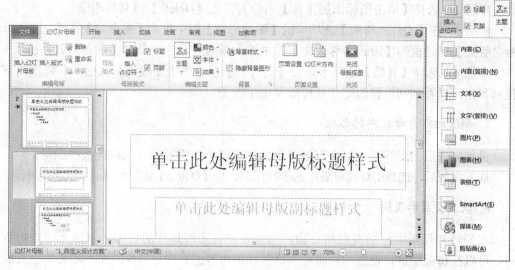

图 3-55   图 3-56

步骤 3：选择完成后，鼠标指针变为十字形，按住鼠标左键拖拽即可绘制占位符。

步骤 4：绘制完成后，在【幻灯片母版】选项卡的【编辑母版】组中单击【重命名】按钮，弹出【重命名版式】对话框，在【版式名称】文本框中输入新版式名称，单击【重命名】按钮。

步骤 5：设置完成后单击【关闭】组中的【关闭母版视图】按钮，关闭母版视图。

步骤 6：选择【开始】选项卡，在【幻灯片】组中单击【版式】按钮，在弹出的下拉列表中可以看到刚设置的幻灯片母版发生了改变。

步骤 7：单击修改完成后的图表幻灯片，即可创建该版式幻灯片，单击图标即可插入图表文件。

（2）修改占位符

步骤 1：插入母版后，在幻灯片栏中选择【图片与标题】版式，如图 3-57 所示。

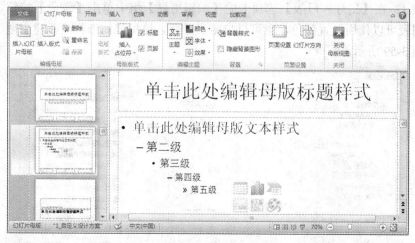

图 3-57

步骤 2：选择【单击图标添加图片】占位符，按【Delete】键将其删除。

步骤 3：在【幻灯片母版】选项卡的【编辑母版】组中单击【重命名】按钮，在【重命名版式】对话框的【版式名称】文本框中输入新版式名称，单击【重命名】按钮。

步骤 4：选择【开始】选项卡，在【幻灯片】组中单击【版式】按钮，在弹出的下拉列表中可以看到刚设置的幻灯片母版发生了改变。

7. 删除幻灯片母版中的形状

设置完成后的幻灯片母版会有很多形状，可以将不需要的形状在模板中删除。

插入母版后，选择幻灯片母版中的形状图形，按【Delete】键即可将选择的图形删除。

8. 设置页眉和页脚

在幻灯片母版中包括页眉和页脚，当需要在每张幻灯片的页脚中都插入固定内容时，可以在母板中进行设置，从而省去单独添加内容的操作。同样，在不需要显示页眉或页脚时，也可以将其隐藏。

步骤 1：在【插入】选项卡的【文本】组中单击【页眉和页脚】按钮。

步骤 2：弹出【页眉和页脚】对话框，勾选【时间和日期】【幻灯片编号】【页脚】复选框，并在【页脚】文本框中输入文本，单击【全部应用】按钮，如图 3-58 所示。

步骤 3：此时对页眉和页脚设置将应用到幻灯片母板中，再创建幻灯片时，页脚处就会显示之前设置的内容。

步骤 4：如果在某个版式中不需要显示页脚（页眉），可选中页脚（页眉）。

步骤 5：在【幻灯片母版】选项卡的【母版版式】组中取消勾选【页脚】（【页眉】）复选框，即可将页脚（页眉）隐藏。

9. 设置母版主题

（1）设置母版主题颜色

步骤 1：在【幻灯片母版】选项卡的【编辑主题】组中单击【颜色】按钮，在弹出的下拉列表可以使用预置颜色，也可以自定义颜色，这里我们选择【新建主题颜色】命令，如图 3-59 所示。

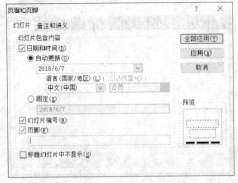

图 3-58　　　　　　　　　　　　　图 3-59

步骤 2：弹出【新建主体颜色】对话框，选择需要设置的颜色的选项，单击颜色块右侧的下三角按钮，然后在弹出的列表中选择需要的颜色，如图 3-60 所示。

步骤 3：当颜色列表中没有合适的颜色时，可以在颜色列表中选择【其他颜色】命令，弹出【颜色】对话框，在【自定义】选项卡下根据需要选择适合的颜色，如图 3-61 所示，选择完成后单击【确定】按钮返回【新建主题颜色】对话框。

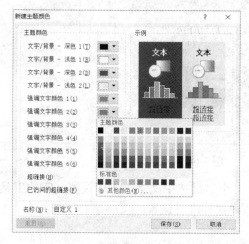

图 3-60　　　　　　　　　　　　　　　　图 3-61

步骤 4：设置完颜色后，在【名称】文本框中输入自定义颜色的名称，单击【保存】按钮。此时幻灯片母版即可应用刚才设置的主题颜色。

步骤 5：关闭母版视图，选择【开始】选项卡，在【幻灯片】组中单击【版式】按钮，在弹出的下拉列表中可以看到所有幻灯片版式都应用了该主题颜色。

（2）设置母版主题字体

步骤 1：在【幻灯片母版】选项卡的【编辑主题】组中单击【字体】按钮，在弹出的下拉列表中可以使用预置字体样式，也可以自定义字体，这里选择一种预置字体，如图 3-62 所示。

图 3-62

步骤 2：选择完成后，字体样式即可应用到幻灯片母版中。

3.5　编辑幻灯片中的对象

案例 15　形状的使用

制作幻灯片时，需要将一些照片或图片插入到各种圆形、方形或其他形状中。具体操作步骤如下。

步骤 1：打开 PowerPoint 2010，在【插入】选项卡的【插图】组中单击【形状】按钮，在弹出的形状列表中单击需要的形状，如【矩形】中的【圆角矩形】，如图 3-63 所示，即可在文档中绘制一个圆角矩形，如图 3-64 所示。

步骤 2：右击形状，在弹出的快捷菜单中选择【编辑文字】命令，即可添加文字，如图 3-65 所示。

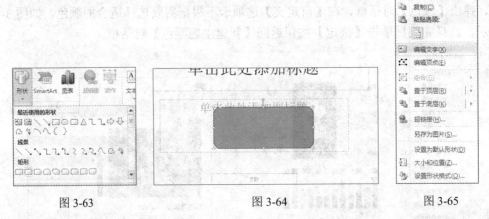

图 3-63   图 3-64   图 3-65

步骤 3：在矩形框中输入【幻灯片】3 个字后选中文字，出现设置文字的工具栏，利用该工具栏，用户可以对字体的大小、样式等进行设置。

案例 16   图片的使用

步骤 1：打开 PowerPoint 2010，在【插入】选项卡的【图像】组中单击【图片】按钮，如图 3-66 所示。在弹出的【插入图片】对话框中选中一幅图片，单击【插入】按钮。

步骤 2：如果插入图片的亮度、对比度、清晰度没有达到要求，可以在【图片工

图 3-66

具】→【格式】上下文选项卡中单击【调整】组中的【更正】按钮，在弹出的【更正】下拉列表中选择需要的图片，即可更改图片的亮度、对比度和清晰度。如果图片的色彩饱和度、色调不符合要求，可以单击【调整】组中的【颜色】按钮，在弹出的【颜色】下拉列表中选择需要的颜色，即可完成颜色的设置。如果要为图片添加特殊效果，可以单击【调整】组中的【艺术效果】按钮，在弹出的【艺术效果】下拉列表中选择需要的效果即可。

案例 17   图表的使用

PowerPoint 2010 提供的图表功能可以将数据和统计结果以各种图表的形式显示出来，使数据更加直观、形象。创建图表后，图表与创建图表的数据源之间就建立了联系，如果工作表中的数据源发生了变化，图标也会随之发生变化。

步骤 1：打开 PowerPoint 2010，在【插入】选项卡的【插图】组中单击【图表】按钮，如图 3-67 所示。

步骤 2：打开【插入图表】对话框，在左侧图表模板类型列表框中选择需要创建的图表类型，在右侧的图表类型列表框中选择合适的图表，单击【确定】按钮即可，如图 3-67 所示。

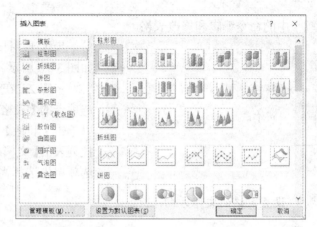

图 3-67

注意：插入图表后，用户即可对图表进行编辑、修改、美化等操作，其操作方法与第 2 章 Excel 电子表格中的叙述类似，此处不再赘述。

案例 18　表格的使用

1. 插入表格

方法 1，选择要插入表格的幻灯片，在【插入】选项卡的【表格】组中单击【表格】按钮，在弹出的下拉列表中选择【插入表格】的命令，如图 3-68 所示。弹出【插入表格】对话框，输入相应的行数和列数，单击【确定】按钮即可插入一个制定行数和列数的表格。拖拽表格的控制点，可以改变表格的大小，拖拽表格边框，可以定位表格。

方法 2，新建【标题和内容】版式幻灯片，单击内容区的【插入表格】图标按钮如图 3-69 所示。弹出【插入表格】对话框，输入相应的行数和列数，单击【确定】按钮即可创建表格。

图 3-68

图 3-69

2. 编辑表格

插入表格后，可以利用【表格工具】→【设计】和【表格工具】→【布局】上下文选项卡中的命令编辑和修改表格。

图 3-70

步骤 1：打开 PowerPoint 2010，绘制表格，如图 3-70 所示。

步骤 2：在【表格工具】→【设计】上下文选项卡的【表格样式】组中选择表格样式，还可以单击【其他】按钮，在弹出的【表格样式】下拉列表的【文档的最佳匹配对象】【淡】【中】【深】选项组中选择需要的表格样式，如图 3-71 所示。

3. 设置表格的文字方向

步骤 1：选中要设置文字方向的表格或表格中的任意单元格。

步骤 2：单击【表格工具】→【布局】上下文选项卡中的【对齐方式】组中的【文字方向】按钮，从中选择文字的排列方向，如图 3-72 所示。

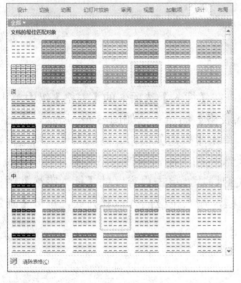

图 3-71

图 3-72

案例 19　SmartArt 图形应用

用户可以从多种不同的布局中选择 SmartArt 图形。SmartArt 图形能够清楚地表现层级关系、附属关系、循环关系等，从而能够方便、快捷地制作一个文件，并达到更佳效果。

1. 插入 SmartArt 图形

步骤 1：选择要插入 SmartArt 图形的幻灯片，在【插入】选项卡的【插图】组中单击【SmartArt】按钮，如图 3-73 所示。

步骤 2：在弹出的【选择 SmartArt 图形】对话框中根据需要进行选择，单击【确定】按钮即可，如图 3-74 所示。

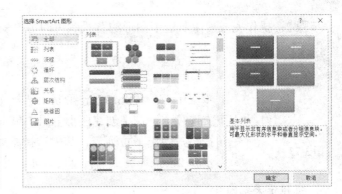

图 3-73　　　　　　　　　　　　　　　　　　　图 3-74

2. 改变 SmartArt 图形的颜色

步骤 1：选中插入的 SmartArt 图形，选择【SmartArt 工具】→【设计】上下文选项卡，在【SmartArt 样式】组中单击【更改颜色】按钮，在弹出的下拉列表中选择所需的颜色，如图 3-75 所示。

步骤 2：操作完成后，SmartArt 图形的颜色即可更改。

3. 更改 SmartArt 图形中某个图形的背景颜色

步骤 1：选中需要改变颜色的图形，选择【SmartArt 工具】→【格式】上下文选项卡，在【形状样式】组中单击【形状填充】按钮，在弹出的下拉列表中选择所需要的颜色，如图 3-76 所示。

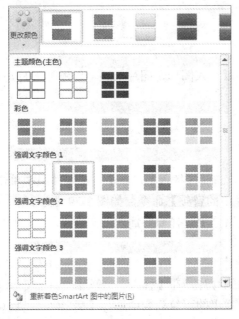

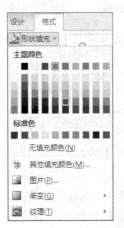

图 3-75　　　　　　　　　　　　　　　　　图 3-76

步骤 2：操作完成后，所选中图形的背景颜色即可改变。

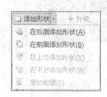

图 3-77

4. 添加形状

步骤 1：选中 SmartArt 形状，选择【SmartArt 工具】→【设计】上下文选项卡，在【创建图形】组中单击【添加形状】按钮右侧的下三角按钮，弹出下拉列表，从中选择添加位置，如图 3-77 所示。

步骤 2：操作完成后，即可添加一个相同的 SmartArt 形状。

5. 编辑文本和图片

在幻灯片中添加 SmartArt 图形后，单击图形左侧的小三角形按钮，即可弹出文本窗口，从中可为文本添加文字，如图 3-78 所示。

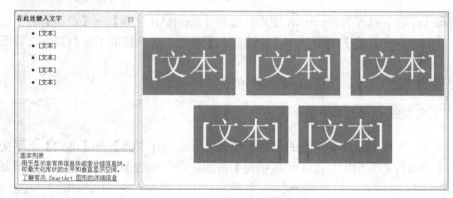

图 3-78

案例 20　音频及视频的使用

用户在 PowerPoint 2010 中不仅可以插入图形、图片，还可以添加影片、声音并设置影片和声音的播放方式等。

1. 插入音频

（1）插入文件中的音频

步骤 1：选择要插入音频的幻灯片，选择【插入】选项卡，在媒体组中单击【音频】按钮，在弹出的下拉列表中选择【文件中的音频】命令，如图 3-79 所示。

步骤 2：在弹出的【插入音频】对话框中选择需要插入的文件后，单击【插入】按钮即可。

（2）插入剪贴画音频

步骤 1：选择要插入剪贴画音频的幻灯片，在【插入】选项卡的【媒体】组中单击【音频】按钮，在弹出的下拉列表中选择【剪贴画音频】命令，弹出任务窗格。

步骤 2：在弹出的任务窗格进行搜索或选择所需的剪贴画后，

图 3-79

即可将其添加到幻灯片中。

步骤 3：在【放映】模式中查看幻灯片的播放效果。

（3）插入录制音频

步骤 1：选择要插入音频的幻灯片，在【媒体】组中单击【音频】按钮，在弹出的下拉列表中选择【录制音频】命令。

步骤 2：在弹出的【录音】对话框中单击 ● 按钮进行录音，单击 ■ 按钮停止录音，单击 ▶ 按钮播放声音，如图 3-80 所示。

步骤 3：单击【确定】按钮，即可将录音插入到幻灯片中。

2. 插入视频

（1）插入文件中的视频

步骤 1：选择要插入视频的幻灯片，在【插入】选项卡的【媒体】组中单击【视频】按钮，在弹出的下拉列表中选择【文件中的视频】命令，如图 3-81 所示。

图 3-80　　　　　　　　　　　　　　　　　图 3-81

步骤 2：在弹出的【插入视频文件】对话框中选择需要插入的文件后，单击【插入】按钮即可。

（2）插入剪贴画视频

步骤 1：选择要插入剪贴画视频的幻灯片，单击【插入】选项卡【媒体】组中的【视频】按钮，在弹出的下拉列表中选择【剪贴画视频】命令，此时在窗口右侧出现【剪贴画】任务窗格。

步骤 2：用户可以在【搜索文字】文本框中输入要查找的剪贴画的关键字，也可以直接在列表框中选择需要的剪贴画。

步骤 3：双击选中的剪贴画，即可将其添加到幻灯片中，将幻灯片切换到【放映】模式，幻灯片会自动播放该剪贴画动画。

案例 21　创建艺术字

1. 插入艺术字

步骤 1：选择要插入艺术字的幻灯片。

步骤 2：在【插入】选项卡的【文本】组中单击【艺术字】按钮，在弹出的下拉列表中选择需要的样式，如图 3-82 所示。

步骤 3：插入艺术字后，可以在【开始】选项卡的【字体】组中，为艺术字设置所需的字体和字号等。

2. 添加艺术字效果

步骤 1：在幻灯片中选择要添加艺术字效果的普通文字。

步骤 2：选择【绘图工具】→【格式】上下文选项卡，单击【艺术字样式】组中的【其他】按钮，在弹出的下拉列表中选择所需的艺术字样式后，即可为普通文字添加艺术字效果，如图 3-83 所示。

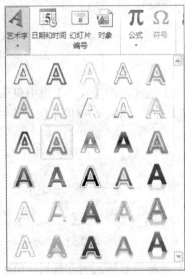

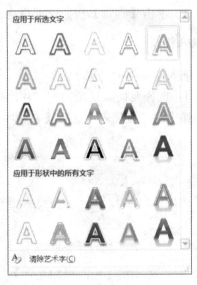

图 3-82　　　　　　　　　　　　　　　　图 3-83

3. 自定义文本格式

步骤 1：选择幻灯片中需要自定义的文本。

步骤 2：选择【绘图工具】→【格式】上下文选项卡，在【艺术字样式】组中单击对话框启动器按钮，弹出【设置文本效果格式】对话框。

步骤 3：选择【文本填充】选项卡，选中【图片或纹理填充】单选按钮，选择插入文件，勾选【将图片平铺为纹理】复选项，将【对齐方式】设置为【左上对齐】，如图 3-84 所示。

步骤 4：单击【关闭】按钮，即可将设置应用到所选文本中。

4. 设置文字变形效果

步骤 1：选择幻灯片中需要改变形状的文字。

步骤 2：选择【绘图工具】→【格式】上下文选项卡，在【艺术字样式】组中单击【文本效果】按钮，在弹出的下拉列表中选择【转换】命令，然后在弹出的级联菜单中选择所需的转换样式，如图 3-85 所示。操作完成后，即可为选中的文字变形。

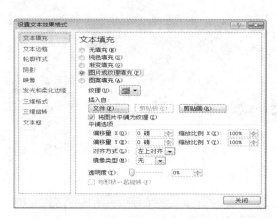

图 3-84

图 3-85

3.6　设置幻灯片播放效果

案例 22　设置对象动画

PowerPoint 提供了幻灯片与用户之间的交互功能，用户可以为幻灯片的各种对象，包括组合图形等设置放映时的动画效果，也可以为每张幻灯片设置放映时的动画效果，还可以规划动画的路径。

1. 对象进入动画效果

PowerPoint 中提供了多种预设的进入动画效果，用户可以在【动画】选项卡的【动画】组中选择需要进入的动画效果。具体操作步骤如下。

步骤 1：新建演示文稿插入图片并选中。

步骤 2：在【动画】选项卡中单击【动画】组中的【其他】按钮，在弹出的下拉列表中选择【进入】组中的【形状】效果，如图 3-86 所示。

步骤 3：单击【动画】组中的【效果选项】按钮，在弹出的下拉列表中选择【缩小】选项，如图 3-87 所示。

步骤 4：设置完对象进入动画效果后，可以单击【动画】选项卡的【预览】组中的【预览】按钮观看效果。

2. 对象退出动画效果

步骤 1：在幻灯片中选择标题文本，在【动画】选项卡的【动画】组中单击【其他】按钮，在弹出的下拉列表中选择【更多退出效果】命令。

步骤 2：弹出【更改退出效果】对话框，选择【基本型】组中的【劈裂】效果，如图 3-88 所示。单击【确定】按钮，预览设置完成后的效果。

图 3-86 　　　　　　　　　　　　　　　　　图 3-87

3. 预设路径动画

PowerPoint 中提供了大量的预设路径动画，路径动画可为对象设置一个路径使其沿着该指定路径运动。

步骤 1：单击幻灯片文本，在【动画】选项卡的【动画】组中单击【其他】按钮，在弹出的下拉列表中选择【其他动作路径】命令。

步骤 2：弹出【更改动作路径】对话框，选择【直线和曲线】组中的【向右弯曲】效果，如图 3-89 所示。单击【确定】按钮，预览设置完成后的效果。

图 3-88 　　　　　　　　　　　　　　　图 3-89

4. 自定义路径动画

如果对预设的动作路径不满意，用户还可以根据需要自定义动画路径。

步骤 1：选择幻灯片中的副标题，在【动画】选项卡的【动画】组中单击【其他】按钮，在弹出的下拉列表中选择【动作路径】中的【自定义路径】命令，如图 3-90 所示。

步骤 2：在幻灯片中按住鼠标左键，并拖拽指针进行路径的绘制，绘制完成后双击鼠标即可，对象在沿自定义的路径预演一遍后将显示出绘制的路径。

5. 使用动画窗格

当设置多个动画后，可以按照时间的顺序播放动画，也可以调整动画的播放顺序。使用【动画窗格】对话框或【动画】选项卡中的【计时】组，可以查看和改变动画的播放顺序，也可以调整动画的播放时长。当为幻灯片中的对象设置了动画后，在【动画窗格】对话框中将出现一个日程表，日程表的主要作用是表示动画效果的持续时间，用户可以通过拖拽日程表中的标记来调整持续时间。

步骤 1：在【动画】选项卡的【高级动画】组中单击【动画窗格】按钮，打开【动画窗格】任务窗口，窗口中动画效果的右侧有一条淡黄色的时间条，如图 3-91 所示。

步骤 2：单击下方的【秒】按钮，在弹出的下拉列表中可以选择放大或缩小时间条。

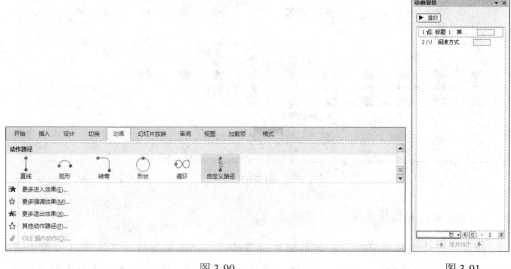

图 3-90　　　　　　　　　　　　　　　　图 3-91

步骤 3：将鼠标指针移至动画效果右侧的时间条上，当鼠标指针变成左右箭头时，按住鼠标左键进行拖动，可以调整该动画的持续时间。

步骤 4：调整完成后，单击任意一个动画效果右侧的下三角按钮，在弹出的下拉列表中选择【隐藏高级日程表】命令即可将时间条隐藏。

6. 复制动画

将某对象设置成与已设置动画效果的某对象相同的动画时，可以使用【动画】选项卡【高级动画】组中的【动画刷】按钮来完成。选中某个对象，单击【动画刷】按钮，再单击另一个对象，可以复制该对象的动画；若双击【动画刷】按钮，可以统一将动画复制到多个对象上。

案例 23　设置幻灯片的切换效果

在 PowerPoint 中，幻灯片的切换效果是指在两个幻灯片之间衔接的特殊效果。也就是一张幻灯片在放映完后，下一张幻灯片将以哪种方式出现在屏幕中的动画效果。

1. 设置幻灯片切换样式

打开演示文稿，选择要设置切换效果的一张或多张幻灯片，单击【切换】选项卡【切换到此幻灯片】组中的【其他】按钮，显示【细微型】【华丽型】【动态内容】切换效果列表，如图 3-92 所示。在切换效果列表中选择一种切换样式，设置的切换效果将应用于所选的幻灯片。此外，单击【计时】组中的【全部应用】按钮，可使全部幻灯片均采用该切换效果。

图 3-92

2. 设置幻灯片切换属性

设置幻灯片切换效果时，如果不另外设置的话，切换效果就会采用默认设置模式。

效果一般选为【垂直】，换片方式为【单击鼠标时】，持续时间为【1 秒】，声音的效果为【无声音】。如果对默认的属性不满意，用户还可自行设置。

步骤 1：在【切换】选项卡的【切换到此幻灯片】组中单击【效果选项】按钮，在弹出的下拉列表中选择一种效果，如图 3-93 所示。

步骤 2：在【计时】组中设置切换声音，在【声音】下拉列表框中选择一种切换声音，如图 3-94 所示，并在【持续时间】微调框中输入切换时间。

3. 设置幻灯片切换效果

步骤 1：新建演示文稿并插入图片，在【切换】选项卡的【切换到此幻灯片】组中单击【其他】按钮，

图 3-93　　　　图 3-94

在弹出的下拉列表中选择【华丽型】组中的【涡流】效果。

步骤2：当为一张幻灯片添加切换效果后，在左侧的幻灯片导航列表中，该幻灯片就会多出一个播放动画标志按钮，单击该按钮可以预览播放效果。

步骤3：在【切换】选项卡的【切换到此幻灯片】组中单击【效果选项】按钮，在弹出的下拉列表中选择【自底部】效果。

步骤4：选择【切换】选项卡下的【计时】组，单击【声音】下拉列表框的下三角按钮，在弹出的下拉列表中选择一种声音。或者选择【其他声音】命令，打开【添加音频】对话框，查找要添加的声音文件，单击【确定】按钮，即可将音频插入演示文档。

案例24 设置幻灯片链接

在 PowerPoint 中，超链接可以是从一张幻灯片到同一演示文稿中另一张幻灯片的链接，也可以是从一张幻灯片到不同演示文稿中另一张幻灯片、电子邮件地址、网页或文件的链连接。超链接在演示文稿放映过程中起交互和导航的作用。

1. 在同一演示文稿中设置超链接

步骤1：在幻灯片窗口中选择文本或图片，作为超链接对象。

步骤2：选择【插入】选项卡，在【链接】组中单击【超链接】按钮，如图3-95所示。

步骤3：弹出【插入超链接】对话框，在【链接到】列表框中选择【本文档中的位置】选项，在【请选择文档中的位置】列表框中选择【幻灯片标题】组中的【幻灯片2】选项，如图3-96所示，单击【确定】按钮。

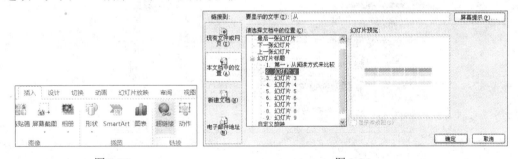

图3-95　　　　　　　　　　　　　　　　　图3-96

步骤4：设置完成后，播放幻灯片，此时会发现设置链接的文本下方会出现下划线，说明链接成功。此时将鼠标指针移动到文本上，指针变小手形状，单击就会自动跳转到【幻灯片2】。

2. 链接不同演示文稿中的幻灯片

步骤1：创建两个演示文稿，打开其中一个演示文稿，选择文本作为超链接的对象。

步骤2：选择【插入】选项卡，在【链接】组中单击【超链接】按钮。

步骤3：弹出【插入超链接】对话框，在【链接到】列表框中选择【现有文件或网页】选项，在【查找范围】下拉列表框中选择放置另外一个演示文稿的文件夹，选择另一个演示文稿文件，如图 3-97 所示，单击【确定】按钮。

图 3-97

步骤 4：设置完成后，播放幻灯片，此时会发现设置链接的文本下方会出现下划线，说明链接成功。此时将鼠标指针移动到文本上，指针变为小手形状，单击就会自动跳转到指定演示文档。

3. 链接 Web 上的页面

步骤 1：打开演示文稿，选择文本作为超链接的对象。

步骤 2：选择【插入】选项卡，在【链接】组中单击【超链接】按钮。

步骤 3：弹出【插入超链接】对话框，在【链接到】列表框中选择【现有文件或网页】选项。在右侧的列表框中选择【浏览过的网页】选项，则列表框中就会显示之前浏览过的网页，如图 3-98 所示，选择某一网页后单击【确定】按钮。

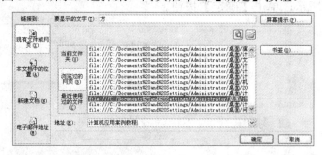

图 3-98

步骤 4：设置完成后，播放幻灯片，此时将鼠标指针移动到文本上，指针变为小手形状，并且显示出链接的网址，单击就会自动跳转到指定的网页。

4. 从文本对象中删除超链接

选择要删除超链接的文本或对象。选择【插入】选项卡，在【链接】组中单击【超链接】按钮，弹出【编辑超链接】对话框，单击【删除链接】按钮，此时文本下方的下划线消失，说明已成功删除了超链接。

5. 设置动作

步骤 1：选择要建立动作的幻灯片，插入图片，在【插入】选项卡的【链接】组中单击【动作】按钮，弹出【动作设置】对话框。

步骤 2：选择【单击鼠标】选项卡，或【鼠标移动】选项卡，选中【超链接到】单选按钮，在下面的下拉列表框中选择所需的选项，单击【确定】按钮，动作幻灯片即制作完成，如图 3-99 所示。

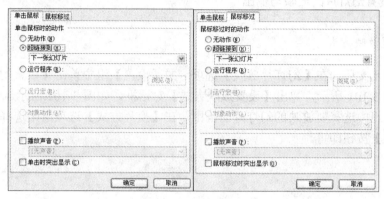

图 3-99

6. 链接新建文档

步骤 1：打开演示文稿，选择链接对象。

步骤 2：选择【插入】选项卡，在【链接】组中单击【超链接】按钮，打开【插入超链接】对话框。

步骤 3：在【链接到】列表框中选择【新建文档】选项，在【新建文档名称】文本框中输入名称，在【何时编辑】选项组中选中【开始编辑新文档】单选按钮，如图 3-100 所示。

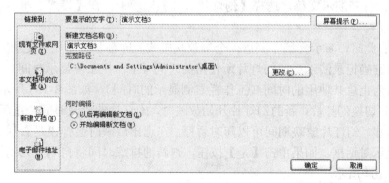

图 3-100

步骤 4：单击【确定】按钮，即可创建一个新的文档，用户可以在新建的文档中进行设置。

3.7 幻灯片的放映与输出

案例 25　设置幻灯片的放映与输出

1. 设置放映方式

打开演示文稿，在【幻灯片放映】选项卡的【设置】组中单击【设置幻灯片放映】按钮，如图 3-101 所示，弹出【设置放映方式】对话框，如图 3-102 所示。在【放映幻灯片】选项组中选择要放映的幻灯片的范围，在【换片方式】选项组中选择放映方式，单击【确定】按钮即可。

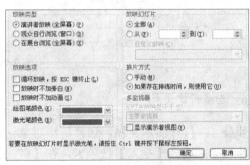

图 3-101　　　　　　　　　　　　　　　图 3-102

2. 设置输出计时

步骤 1：打开演示文稿，选择【幻灯片放映】选项卡，在【设置】组中单击【排练计时】按钮。

步骤 2：此时，演示文稿立刻进入全屏放映模式，屏幕左上角显示【录制】工具栏，借助它可以准确记录演示当前幻灯片所使用的时间（工作栏左侧显示时间）以及从开始放映到目前为止总共使用的时间（工作栏右侧显示的时间），如图 3-103 所示。

步骤 3：切换幻灯片，新的幻灯片开始放映时，幻灯片的放映时间会重新开始计时，总的时间累加。幻灯片放映期间可以随时暂停，在退出放映时会弹出是否保留幻灯片播放时间的提示对话框，如果单击【是】按钮，则新的排练时间将自动变为幻灯片切换时间，如图 3-104 所示。

图 3-103　　　　　　　　　　　　　　　图 3-104

第 2 部分

理论基础知识

四种曲谱分析

第 4 章 计算机基础知识

本章将主要介绍计算机概述、信息的表示与存储、计算机硬件系统、计算机软件系统、多媒体技术简介、计算机病毒、计算机网络、Internet 基础及应用等内容。

4.1 计算机概述

知识点 1 计算机的发展

1946 年，美国宾夕法尼亚大学研制成功了电子数字积分式计算机（Electronic Numerical Integrator and Computer，ENIAC）。

在 ENIAC 的研制过程中，匈牙利裔美籍数学家冯•诺依曼总结并归纳出以下 3 点。

1）采用二进制：在计算机内部，程序和数据采用二级制代码表示。

2）存储程序控制：程序和数据存放在存储器中，即程序存储的概念。计算及执行程序时无须人工干预，能自动、连续地执行程序，并可得到预期的结果。

3）5 个基本部件：计算机应具有运算器、控制器、存储器、输入设备、输出设备 5 个基本功能部件。

ENIAC 的诞生宣告了电子计算机时代的到来，它奠定了计算机发展的基础，开辟了计算机科学技术的新纪元。从第一台电子计算机诞生到现在，计算机技术经历了大型计算机时代和微型计算机时代。

1. 大型计算机时代

人们通常根据计算机采用电子元器件的不同将计算机的发展过程划分为电子管、晶体管、集成电路以及大规模和超大规模集成电路 4 个阶段。分别称为第一代至第四代计算机：第一代计算机（1946～1957 年），第二代计算机（1958～1964 年），第三代计算机（1965～1970 年），第四代计算机（1971 年至今）。

2. 微型计算机

1971 年，世界上第一个 4 位微处理器 4004 在 Intel 公司诞生，标志着计算机进入微型计算机时代。

3. 我国计算机技术的发展概况

我国计算机技术研究起步晚、起点低，但随着改革开放的深入和国家对高新技术的扶持、对创新能力的提倡，计算机技术的水平正在逐步提高。我国计算机技术的发展历程如下。

1956 年，开始研制计算机。

1958 年，研制成功第一台电子管计算机 103。

1959 年，104 研制成功，这是我国第一台大型通用电子数字计算机。

1964 年，研制成功晶体管计算机。

1971 年，研制成功以集成电路为主要器件的 DJS 系列机。这一时代，在微型计算机方面，我国研制开发了长城、紫金、联想系列微机。

1983 年，我国第一台亿次巨型计算机"银河"诞生。

1992 年，10 亿次巨型计算机"银河 II"诞生。

1995 年，第一套大规模并行机系统"曙光"研制成功。

1997 年，每秒 130 亿浮点运算，全系统内存容量 9.15G 的巨型机"银河III"研制成功。

1998 年，"曙光 2000-I"诞生，其峰值运算速度为每秒 200 亿次浮点运算。

1999 年，"曙光 2000-II"超级服务器问世，其峰值运算速度达到每秒 1117 亿次，内存高达 50GB。

2001 年，中科院计算机所成功研制出我国第一款通用 CPU "龙芯"芯片。

2002 年，我国第一台拥有完全自主知识产权的"龙腾"服务器诞生。

2005 年，联想并购 IBM PC，一跃成为全球第三大 PC 制造商。

2008 年，我国自主研发的百万亿次超级计算机"曙光 5000"获得成功。

近几年来，我国的高性能计算机和微型计算机的发展更为迅速。

知识点 2　计算机的特点

计算机按照程序引导步骤对数据进行存储、传送和加工处理，以获得输出信息，并利用这些信息提高社会生产率，以及改善人们的生活质量。计算机之所以具有如此强大的功能，能够应用于各个领域，是由于它具有以下特点：①处理速度快；②计算精确度高；③逻辑判断能力；④存储容量大；⑤全自动功能；⑥适用范围广，通用性强。

知识点 3　计算机的用途

现在，计算机已进入社会的各行各业，进入人们生活和工作的各个领域，归纳起来，计算机的用途主要有以下几个方面：①科学计算；②信息处理；③过程控制；④辅助功能；⑤网络与通信；⑥人工智能；⑦数字娱乐；⑧平面、动画设计及排版；⑨现代教育；⑩家庭生活。

知识点 4　计算机的分类

按照不同的标准，计算机有多种分类方式，常见的分类有以下几种。

1. 按处理数据的类型分类

按处理数据的类型不同，可将计算机分为数字计算机、模拟计算机和混合计算机。

2. 按使用范围分类

按使用范围的大小，可将计算机分为专用计算机和通用计算机。

3. 按性能分类

按其主要性能（如字长、存储容量、运算速度、外部设备、允许同一台计算机的用户数量和价格高低），可将计算机分为超级计算机、大型计算机、小型计算机、微型计算机、工作站和服务器 6 类，按性能分类也是我们常用的计算机分类方法。

知识点 5　未来计算机的发展趋势

21 世纪是人类走向信息社会的世纪，是网络时代，是超高速信息公路建设取得实质性进展并进入应用的时代。

1. 计算机的发展趋势

从计算机的发展史来看，计算机的发展趋势为：巨型化→微型化→网络化→智能化。

2. 未来新一代计算机的类型

未来新一代的计算机将包括以下多种类型：模糊计算机、生物计算机、光子计算机、超导计算机、量子计算机、激光计算机、分子计算机、DNA 计算机、神经元计算机。

知识点 6　电子商务

电子商务是以信息网络为手段，以商品交换为中心的商务活动，也可理解为在互联网、企业内部网和增值网上以电子交易方式进行交易活动和相关服务的活动，是传统商业活动各环节的电子化、网络化、信息化。

电子商务具有如下基本特征：①普通性；②方便性；③集成性；④整体性；⑤安全性；⑥协调性。

知识点 7　信息技术的发展

信息同物质、能源一样重要，是人类生存和社会发展的三大基本资源之一。数据处理之后生产的结果为信息，信息具有针对性和实时性，是有意义的数据。目前，信息技术主要指一系列与计算机相关的技术。

一般来说，信息技术包括信息基础技术、信息系统技术和信息应用技术。

1. 信息基础技术

信息基础技术是信息技术的基础，包括新材料、新能源、新器件的开发和制造等技术。

2．信息系统技术

信息系统技术是指有关信息的获取、传输、处理、控制的设备和系统的技术。感测技术、通信技术、计算机与智能技术和控制技术是信息系统技术的核心和支撑技术。

3．信息应用技术

信息应用技术是针对种种实用目的的技术，如信息管理、信息控制、信息决策等。当今，信息技术在社会各个领域得到了广泛的应用，显示出强大的生命力。在未来，现代信息技术将面向数据化、多媒体化、高速化、网络化、宽频带、智能化等方面发展。

4.2　信息的表示与存储

知识点 8　数据与信息

数据是由人工或自动化加以处理的事实、场景、概念和指示的符号表示。字符、声音、表格、符号和图像等都是不同形式的数据。

信息化是现代生活和计算机科学中一个非常流行的词汇，它同物质、能源一样重要，是人类生存和社会发展的三大基本资源之一。信息不仅维系着社会的生存发展，而且在不断地推动社会经济的发展。

数据与信息的区别：信息是客观事物属性的反映，是经过加工处理并对人类客观行为产生影响的数据表现形式；数据则是反映客观事物属性的记录，是信息的具体表现形式。任何事物的属性都是通过数据来表示的，数据经过处理加工后成为信息，而信息必须通过数据才能够传播，才能对人类产生影响。

例如，数据 2、4、6、8、10、12 是一组数据，其本身是没有任何意义的，但对它进行分析以后，就可以得出这是一组等差数列，从而能够准确地得出后面的数字。这便对这组数据赋予了意义，成为信息，才是有用的数据。

知识点 9　计算机中的数据

二进制只有"0"和"1"两个数，相对于十进制而言，采用二进制表示不但运算简单、易于物理实现、通用性强，更重要的是所占的空间和计算的量小得多，而可靠性高。

计算机在与外部沟通中会采用人们比较熟悉和方便阅读的形式，如十进制数据，但计算机内部一般使用二进制表达各种信息，其间的转换，主要通过计算机系统的硬件和软件来实现。

知识点 10　计算机中数据的单位

计算机内所有的信息均以二进制的形式表示，数据的最小单位是位，存储容量的基本单位是字节。

1. 数据的常用单位

位是度量数据的最小单位，代码只有 0 和 1，采用多个数码表示一个数其中每个数码称一个位（bit）。

直接输入信息组织和存储的基本单位，一个字节由 8 位二进制数字组成。字节也是计算机体系结构的基本单位。

2. 字长

随着电子技术的发展，计算机的并行能力越来越强，人们通常将计算机一次能够处理的二进制位数称为字长，也称为计算机的一个"字"。字长是计算机的一个重要指标，直接反映一台计算机的计算能力和精度，字长越长，说明计算机数据处理得越快。计算机字长通常是字节的整数倍，如 8 位、16 位、32 位。发展到今天，微型机能处理的字长已达到 64 位，大型已达到 128 位。

3. 数据类型

计算机使用的数据可以分为数值数据和字符数据，它们在计算机中都以二进制来进行编码。

知识点 11　字符的编码

字符包括西文字符和中文字符，是计算机中不能做算术运算的数据。

计算机以二进制数的形式存储和处理数据，因此，字符必须按特定的规则进行二进制编码才能进入计算机。

1. 西文字符的编码

用于表示字符的二进制编码称为字符编码。计算机中常用的字符（西文字符）编码有两种：EBCDIC 和 ASCII 码。

ASCII 码是美国信息交换标准代码（American Standard Code for Information Interchange）的英文缩写，被国际标准化组织指定为国际标准，有 7 位码和 8 位码两种版本。

微型计算机通常 7 位 ASCII 码，即用 7 位二进制数来表示一个字符的编码，共有 128 种不同的编码值，相应可以表示 128 个不同字符的编码。

2. 汉字的编码

我国于 1980 年发布了国家汉字编码标准《信息交换用汉字编码字符集》（GB 2312—1980），简称 GB 码或国标码。

国标码的字符集：共收录了 682 个非汉字图形字符和 6763 个常用汉字。

区位码：也称国际区位码，是国标码的一种变形，由区号（行号）和位号（列号）构成，区位码由 4 位十进制数字组成，前 2 位为区号，后 2 位为位号。

区：阵中的每一行，用区号表示，区号的范围是 1～94。

位：阵中的每一列，用位号表示，位号的范围也是 1～94。

实际上，区位码也是一种汉字的输入码，其最大的优点是一字一码，即无重码；最大的缺点是难以记忆。区位码与国标码之间的关系是：国标码=区位码+2020H。

3. 汉字的处理过程

从汉字编码的角度看，计算机对汉字信息的处理过程实际上是各种汉子编码间的转换过程，这些编码主要包括汉字输入码、汉字内码、汉字字形码、汉字地址码等。

（1）汉字输入码

汉字输入码是为用户能够使用西文键盘输入汉字而编制的，也叫外码。

汉字输入编码方法的编码方案大致分为 4 类：音码、音形码、形码、数字码。

（2）汉字内码

汉字内码是为在计算机内部对汉字进行处理、存储和传输编制的汉字编码。它应满足存储、处理和传输的要求，不论哪种输入码，输入的汉字在计算机内部都要转换成统一的汉字内码，然后才能在计算机内传输、处理。

在计算机内部，为了能够区分是汉字码还是 ASCII 码，将国标码每字节的最高位由 0 变为 1（即汉字内码的每字节都大于 128）。

汉字的国标码与其内码之间的关系是：内码=汉字的国标码+8080H。

（3）汉字字形码

汉字字形码是存放汉字字形信息的编码，它与汉字内码一一对应。每个汉字的字形码是预先存放在计算机中的，通常称为汉字库。描述汉字字形的方法主要有点阵字形法和矢量表示方式。

1）点阵字形法：用一个排列成方阵的点的黑白来描述汉字。

2）矢量表示法：描述汉字字形的轮廓特征，采用数学方法描述汉字的轮廓曲线。

（4）汉字地址码

汉字地址码是指汉字库（这里主要是指汉字字形的点阵式字模库）中存储汉字信息的逻辑地址码。

4. 各种汉字编码之间的关系

汉字的输入、输出和处理的过程实际上是汉字的各种代码之间的转换过程。汉字通过汉字输入码输入到计算机内部，然后通过输入字典转换为内码，以内码的形式进行存储和处理。在汉字通信过程中，处理器将汉字内码转换为适合通信用的交换码，以实现通信处理。

在汉字的显示和打印输出过程中，处理器根据汉字内码计算出地址码，按地址码从汉字库中取出汉字码，实现汉字的显示或打印输出。

4.3 计算机硬件系统和软件系统

知识点 12 运算器

运算器的基本功能是完成对各种数据的加工和处理。

1. 运算器的组成

运算器由算术逻辑单元、累加器、状态寄存器、通用寄存器组等组成。

1）算术逻辑单元：算术逻辑单元主要完成对二进制信息的定点算术运算、逻辑运算和各种移位操作。算术运算主要包括定点加、减、乘、除运算。逻辑运算主要有逻辑与、逻辑或、逻辑异和逻辑非操作。移位操作主要完成逻辑左移和右移、算数左移和右移以及其他一些移位操作。算术逻辑单元能处理的数据位数（即字长）与计算机有关。

2）通用寄存器组：通用寄存器主要用来保存参加运算的操作数和运算结果。它可以作为累加器使用，其数据存取速度非常快。此外，通用寄存器可以兼做专用寄存器，包括用于计算操作数的地址。必须注意，不同计算机对通用寄存器组的使用情况和设置的个数是不同的。

3）状态寄存器：状态寄存器用来记录算术、逻辑运算或测试操作的结果状态。程序设计中，这些状态通常用作条件转移指令的判断条件，所以又称条件码寄存器。

2. 运算器的性能指标

1）字长：指计算机运算部件一次能同时处理的二进制数据的位数。作为存储数据，字长越长，则计算机运算精确度就越高；作为存储指令，字长越长，则计算机的处理能力就越强。

2）运算速度：计算机的运算速度通常是指每秒钟所能执行的加法指令的数目，通常用百万次/秒来表示。这个指标更能直观地反映计算机的速度。

知识点 13 控制器

1. 控制器的组成

控制器是计算机的重要部件，它对输出的指令进行分析，并通过统一控制计算机的各个部件来完成一定的任务。控制器是发布命令的"决策机构"，即完成协调和指挥整个计算机系统的操作。

控制器由指令寄存器、指令译码器、操作控制器和程序计数器 4 个部件组成。指令寄存器用于保存当前执行和（或）即将执行的指令代码；指令译码器用于解析和识别指令寄存器中所存放的指令的性质和操作方法；操作控制器则根据指令译码器的译码结果，产生该指令执行过程所需要的全部控制信号和时序信号；程序计数器总是保存下一条要执行的指令地址，从而使程序可以自动、持续地运行。

2. 控制器的分类

控制器可分为组合逻辑控制器和微程序控制器。组合逻辑控制器设计复杂，设计完成后不能再修改和扩充，但它的速度快。微程序控制器设计简单，可以进行修改和扩充，若要修改一条计算机指令的功能，只需重编对应的微程序；若要增加一条计算机指令，只需在控制存储器中增加一段微程序。

3. 控制器的功能

1）差错控制：设备控制器可对由 I/O 设备传送来的数据进行差错检测。若传送中出现错误，只需将差错检测码置位，并向 CPU 反馈；CPU 将重新传送一次。

2）数据交换：控制器可实现 CPU 与控制器之间、控制器与设备之间的数据交换。从 CPU 并行地把数据写入控制器，或从控制器中并行地读出数据，然后将数据从设备传送到控制器，或将数据从控制器传送到设备。

3）状态说明：标识和报告设备状态的状态控制器应记下设备的状态供 CPU 了解。

4）接受和识别地址：CPU 可以向控制器发送多种不同的命令。设备控制器应能接受并标识这些命令。

5）地址识别：与内存中的每个单元都有一个地址一样，系统中的每个设备也都有地址，而设备控制器又必须能够识别它控制的每个设备的地址。此外，为使 CPU 能向（或从）寄存器中写入（或读出）数据，这些寄存器都应具有唯一的地址。

知识点 14　存储器

存储器是计算机中存储程序和数据的部件，包括主存储器（内存）和辅助存储器（外存）两大类。存储器可以自动完成程序或数据的存取。计算机中的全部信息，包括输入的原始数据、计算机程序、中间运行结果和最终运行结果都保存在存储器中。内存是计算机主板上的存储部件，用于存储当前执行的数据和程序，存取速度快但容量小，断电后，数据会丢失；外存是磁性介质或光盘等存储部件，用来保存长期信息，容量大，存取速度慢，但断电后保存的内容不会丢失。

1. 内存

内存一般采用半导体存储单元，包括只读存储器、随机存储器和高速缓冲存储器。

（1）只读存储器（ROM）

只读存储器在制造的时候，信息（数据或程序）就被存入并永久保存。这些信息只能读出，不能写入，即使断电，这些数据也不会丢失。只读存储器一般用于存放计算机的基本程序和数据，主要包括可编程只读存储器、可擦除可编程只读存储器、电可擦除可编程只读存储器。

（2）随机存储器（RAM）

通常所说的计算机内存容量指的就是随机存储器的容量，即计算机的主存。RAM有两个特点：一是可读写性，也就是说对 RAM 既可以进行读操作，也可以进行写操作，读操作时不破坏内存已有的内容，写操作时才改变原来已有的内容；二是易失性，即断电时，RAM 中的内容立即丢失，因此计算机每次启动时都要对 RAM 进行重新装配。

RAM 又可分为静态随机存储器（SRAM）和动态随机存储器（DRAM）两种。计算机内存条采用的是 DRAM，其优点是功耗低、集成度高、成本低。SRAM 是用触发器的状态来存储信息的，只要电源正常供电，触发器就能稳定地存储信息，无需刷新，所以 SRAM 的存取速度比 DRAM 要快。但 SRAM 有集成度低、功耗大、价格贵的缺点。

（3）高速缓冲存储器（Cache）

高速缓冲存储器主要是为了解决 CPU 和主存速度不匹配，为提高存储速度而设计的一种存储器。Cache 一般用 SRAM 存储芯片来实现。

CPU 向内存中写入或从内存中读出数据时，这个数据也被存储到高速缓冲存储器中。当 CPU 再次需要这些数据时，就会从高速缓冲存储器读取数据，而不是访问较慢的内存。

高速缓冲存储器主要由以下几部分组成。

1）Cache 存储体：存放从主存调入的指令与数据块。

2）地址转换部件：建立目录表以实现主存地址到内存地址的转换。

3）替换部件：在缓存满时，按一定策略进行数据块替换，并修改地址转换部件。

2. 外存

随着信息技术的发展，信息处理的数据量越来越大，但计算机内存存储容量有限，这时就需要配置另一类存储器——外存。外存可存放大量程序和数据，且断电后数据不会丢失。常见的外存储器有硬盘、快闪存储器和光盘等。

（1）硬盘

硬盘是计算机上主要的外部存储设备。它由磁盘片、读写控制电路和驱动机构组成。硬盘具有容量大、存取速度快等优点，操作系统、可运行的程序文件和用户的数据文件一般都保存在硬盘上。

1）硬盘的结构和原理。

① 磁头：磁头是硬盘中最昂贵的部件，也是硬盘技术中最重要和最关键的一环。

② 磁道：当磁盘旋转时，磁头若保持在一个位置上，则每个磁头都会在磁盘表面画出一个圆形轨迹，这些圆形轨迹叫作磁道。

③ 扇区：磁盘上的每一个磁道被等分为若干个弧段，这些弧段便是磁盘的扇区。

④ 柱面：磁盘通常由重叠的一组盘片构成，每个盘面都被划分为数目相等的磁道，并从外缘的 "0" 开始编号，具有相同编号的磁道形成一个圆柱，称为磁盘的柱面。

2）硬盘的容量。硬盘的容量是由磁头数、柱面数、磁道扇区数和每个扇区字节数 4 个参数决定的。将这几个参数相乘，乘积就是硬盘容量。

3）硬盘接口。硬盘与主板的连接部分就是硬盘接口，常见的有高级技术附件（advanced technology attachment，ATA）、串行高级技术附件（serial ATA，SATA）和小型计算机系统接口（small computer system interface，SCSI）。ATA 和 SATA 接口的硬盘主要应用在个人计算机上，SCSI 接口的硬盘主要应用于中、高端服务器和高档工作站中。硬盘接口的性能指标主要是传输率，也就是硬盘支持的外部传输速率。

4）硬盘转速。硬盘转速是指硬盘内电动机主轴的旋转速度，也就是硬盘盘片在一分钟内旋转的最大转数。硬盘转速单位为 r/min，即转/分钟。

（2）快闪存储器

快闪存储器简称闪存，是电子可擦除可编程只读存储器的一种形式。快闪存储器允许在操作中多次擦或写，并具有非易失性，即单纯保存数据的话，它并不需要耗电。

（3）光盘

光盘按类型可划分为：不可擦写光盘和可擦写光盘。不可擦写光盘有 CD-ROM、DVD-ROM 等，可擦写光盘有 CD-RW、DVD-RAM 等。

知识点 15　计算机的外设

1. 输入设备

输入设备是指向计算机输入数据和信息的设备，是计算机与用户或其他设备通信的桥梁。键盘、鼠标、摄像头、扫描仪、光笔、手写输入板、游戏杆、语音输入装置等都属于输入设备。

2. 输出设备

输出设备的功能是将内存中计算机处理后的信息，以各种形式输出。常见的输出设备有显示器、打印机、绘图仪、影像输出系统、语音输出系统、磁记录设备等。

知识点 16　计算机的结构

计算机的硬件不是孤立存在的，在使用时需要相互连接以传输数据，计算机的结构反映了各部件之间的连接方式。

1. 总线结构

在总线网络拓扑结构中，所有设备都直接与总线相连，传输介质一般为同轴电缆（包括粗缆和细缆），也有采用光缆作为总线型传输介质的。

（1）数据总线

数据总线用于传送数据信息。因为数据总线是双向三态形式的总线，所以它既可以把 CPU 的数据传送到储存器或输入/输出接口等其他部件，也可以将其他部件的数据传送到 CPU。

（2）地址总线

地址总线又称位址总线，地址总线的位数决定了 CPU 可直接寻址的内存空间的大小；地址总线的宽度随可用寻址的内存元件大小的改变而改变，并决定有多少的内存可以被存取。

（3）控制总线

控制总线主要用来传送控制信号和时序信号。控制信号中，既有微处理器送往储存器和输入/输出设备接口电路的信号，也有其他部件反馈给 CPU 的信号。因此控制总线的传送方向由具体控制信号决定，一般是双向的；控制总线的位数要根据系统的实际控制需要决定。

2. 直接连接

最早的计算机基本上采用直接连接的方式，运算器、储存器、控制器和外部设备等组成部件之中的任意两个组成部件之间基本上都有单独的连接线路。这样的结构可以获得最高的连接速度，但不易扩散。如 IAS 计算机采用的就是直接连接的结构。

4.4　计算机软件系统

知识点 17　软件的概念

软件是指一系列按照特定顺序组织的计算机数据和指令的集合，由程序和软件开发文档组成。

1. 程序

（1）程序的定义

程序是对计算任务的处理对象和处理规则的描述，必须装入计算机内部才能工作。程序控制着计算机的工作流程，能实现一定的逻辑功能，并完成特定的设计任务。

（2）程序设计语言

程序设计语言是软件的基础和组成部分，也称为计算机语言，是用来定义计算机程序的语法规则，由单词、语句、函数和程序文件等组成。随着计算机技术的不断发展，计算机所使用的语言也快速地发展成为一种体系。程序设计语言主要有以下几种类型。

1）计算机语言：在计算机中,指挥计算机完成某个基本操作的命令称为指令。所有的指令集合称为指令系统,直接用二进制代码表示指令系统的语言称为计算机语言。计算机语言是唯一能被计算机硬件系统理解和执行的语言。

2）汇编语言：汇编语言是计算机语言中地址部分符号化的结果。汇编语言采用助记符号来编写程序，比用计算机语言的二进制代码编程要方便些，在一定程度上简化了编程过程。

计算机不能直接识别汇编语言编写的程序，要通过汇编程序将其翻译成计算机语言，再链接成可执行程序才能在计算机中执行。

3）高级语言：高级语言的表示方法比低级语言的表示方法更接近于待解决的问题。它是一种最接近人类自然语言和数学公式的程序设计语言，基本上脱离了硬件系统。使用高级语言编写的源程序在计算机中是不能直接执行的，必须翻译成计算机语言程序，通常有两种翻译方式：编译方式和解释方式。

（3）进程与线程的概念

1）进程：进程是指进行中的程序，进程=程序+执行。它是操作系统中的一个核心概念。进程是一块包含了某些资源的内存区域，操作系统会利用进程把工作划分为各种功能单元。当某程序正在执行时，进程会把该程序加载到内存空间，系统同时会创建一个进程，当程序执行结束后，该进程也会消失。进程是动态的，程序是静止的，进程有一定的生命期，而程序可以长期保存。一个程序可以对应多个进程，而一个进程只能对应一个程序。

2）线程：为了更好地实现并发处理和共享资源，提高 CPU 的利用率，许多操作系统把逻辑细分为线程。线程也被称为轻量进程，是 CPU 调度和分派的基本单位。在引入线程的操作系统中，通常把进程作为分配资源的基本单位，而把线程作为独立运行和独立调度的基本单位。

2. 软件开发文档

软件开发文档是软件开发和维护过程中的必备文档。它能提高软件开发的效率，保证软件的质量，而且在软件的使用过程中起到指导、帮助、解惑的作用。软件开发文档主要有需求分析文档、概要设计文档、系统设计文档、详细设计文档、软件测试文档以及软件完成后的总结汇报型文档。

知识点 18 软件的组成

软件是用户和硬件之间的接口（或界面），用户通过软件能够使用计算机硬件资源。根据作用的不同，计算机软件通常可以分为系统软件与应用软件两大类。

1. 系统软件

系统软件是指控制和协调计算机外部设备、支持应用软件开发运行的软件，主要负责管理计算机系统中各种独立的硬件，使之可以协调工作。系统软件主要包括操作系统、语言处理系统、数据库管理程序和系统辅助处理程序等。

（1）操作系统

在系统软件中最主要的是操作系统，它提供了一个软件运行的环境，用来控制所有计算机上运行的程序，并管理整个计算机的软硬件资源。操作系统是计算机发展的产物，其主要作用：一是方便用户使用计算机，是用户和计算机的接口；二是统一管理计算机系统的全部资源，合理组织计算机工作流程，以便充分、合理地发挥计算机的效率。

（2）语言处理系统

语言处理系统是对软件语言进行处理的程序子系统，是软件系统的另一大类型。早期的第一代和第二代计算机所使用的编程语言，一般是由计算机硬件厂家随计算机配置的。语言处理系统的主要功能是处理各种软件语言，即把用软件语言书写的各种源程序转换成可被计算机识别和运行的目标程序。

（3）数据库管理程序

数据库管理程序是有关建立、存储、修改和存取数据库中信息的技术。将各种不同性质的数据进行组织，以便能够有效地进行查询、检索和管理。

数据库管理的主要内容为：数据库的调用、数据库的重组、数据库的重构、数据库的安全管控、报错问题的分析和汇总，以及处理数据库数据的日常备份等。

（4）系统辅助处理程序

系统辅助处理程序主要是指一些为计算机系统提供服务的工具软件和支撑软件，如调试程序、系统诊断程序、编辑程序等。这些程序的主要作用是维护计算机系统的正常运行，方便用户在软件开发和实施过程中的应用。

2. 应用软件

应用软件是用户可以使用的各种程序设计语言，是为满足用户不同问题、不同领域的应用需求而提供的那部分软件。它可以拓宽计算机系统的应用领域，放大硬件的功能。

常用的应用软件包括办公软件、多媒体处理软件、Internet 工具软件等。

4.5　多媒体技术简介

知识点 19　多媒体的概念

多媒体是指能够同时对两种或两种以上的媒体进行采集、操作、编辑、存储等综合处理的技术。它的实质就是将以各种形式存在的媒体信息数字化，用计算机对其进行组织加工，并以友好的形式交互地提供给用户使用。

多媒体计算机除了常规的硬件，如主机、显示器、网卡之外，还包括音频信息处理硬件、视频信息处理硬件、采集卡、扫描仪和光盘驱动器等部分。

知识点 20　多媒体的特征

与传统媒体相比，多媒体具有集成性、控制性、非线性、交互性、互动性、实时性、信息使用的方便性、信息结构的动态性等特点。其中，集成性和交互性是多媒体的精髓所在。

1. 集成性

集成性是指多媒体系统能够对信息进行多通道统一获取、存储、组织与合成。多媒体技术中集成了许多翻译的技术，如图像处理技术、声音处理技术等。

2. 交互性

交互性是指多媒体系统在向用户提供交互式使用、加工和控制信息等手段的同时，为其应用开辟了更加广阔的领域。

知识点 21　多媒体数字化

在计算机和通信领域，最基本的 3 种媒体是声音、图像和文本。

1. 声音的数字化

声音的数字化是指计算机系统将输入设备输入的声音信号，通过采样、量化转换成数字信号，然后再通过输出设备输出的过程。采样是指每隔一段时间对连续的模拟信号进行测量，每秒钟的采样次数即为采样频率。采样频率越高，声音的还原性就越好。量化是指将采样后得到的信号转换成相应的以二进制形式表示的数值。

2. 图像的数字化

一幅图像可以近似地看成由许多的点组成，因此它的数字化可以通过采样和量化来实现。图像的采样就是采集组成一幅图像的点，图像的量化就是将采集到信息转换成相应的数值。

3. 文本的数字化

文本的数字化是指计算机系统通过输入设备将文本内容转换成数字信号的技术。

知识点 22　多媒体数据压缩

数据压缩可以分为无损压缩和有损压缩两种类型。

1. 无损压缩

无损压缩是指利用数据的统计冗余进行压缩，压缩后的数据能够完全还原成压缩前的数据，因此无损压缩也称可逆编码。常用的无损压缩格式主要有：APE、FLAC、TAK、WavPack 和 TTA。

2. 有损压缩

有损压缩压缩后的数据不能完全还原成压缩前的数据，是一种压缩数据与原始数据不同但非常接近的压缩方法，有损压缩也称为不可逆编码。

典型的有损压缩编码方法有：预测编码、变换编码、基于模型编码、分形编码及矢量量化编码等。

3. 无损压缩与有损压缩的比较

无损压缩方法的优点是能够较好地保护源文件的质量，不受信号源的影响，而且转换方便。但是占用空间大，压缩比不高，压缩率比较低。

有损压缩的优点是可以减少在内存和磁盘中占用的空间，在屏幕上观看不会对图像的外观产生不利影响。但若把经过有损压缩技术处理的图像用高分辨率打印出来，图像质量就会有明显的受损痕迹。

4.6　计算机病毒

知识点 23　计算机病毒的特征和分类

1. 计算机病毒的定义和特点

计算机病毒在《中华人民共和国计算机信息系统安全保护条例》中被明确规定，即"计算机病毒，是指编制或者在计算机程序中插入的破坏计算机功能或者破坏数据，影响计算机使用并且能够自我复制的一组计算机指令或者程序代码"。

计算机病毒具有寄生性、破坏性、潜伏性、隐蔽性等特点。

2. 计算机病毒类型

计算机病毒主要有以下几种类型：系统病毒、蠕虫病毒、木马病毒、黑客病毒、脚本病毒、宏病毒、后门病毒、病毒种植程序病毒、破坏程序病毒。

3. 计算机感染病毒的常见症状

计算机受到病毒感染后会表现不能正常启动、运行速度降低、磁盘空间迅速变小、文件内容和长度有所改变、经常出现死机现象、外部设备工作异常、文件的日期和时间无缘无故被修改、显示器上经常出现一些怪异的信息和异常现象，以及在汉字库正常的情况下，无法调用和打印等。

知识点 24　计算机病毒的防治与清除

1. 防治计算机病毒

1）使用新设备和新软件之前要检查。

2）使用反病毒软件，及时升级反病毒的病毒库，开启病毒实时监控。

3）制作一张无毒的系统软盘，妥善保管，以便应急。

4）按照反病毒软件的要求制作应急盘（也称急救盘、恢复盘），并存储有关系统的重要信息数据，如硬盘主引导区信息、引导区信息、COMS 的设备信息等，以便恢复系统应急。

5）不随便使用别人的软盘或光盘，尽量做到专盘专用。

6）不使用盗版软件。

7）有规律地制作备份，养成备份重要文件的习惯。

8）不随便下载网上的软件。

9）随时注意计算机有没有异常现象。

10）发现可疑情况及时通报以获取帮助。

11）若硬盘资料已经遭到破坏，不必着急格式化，应重建硬盘分区，以减少损失。

12）扫描系统漏洞，及时更新补丁。

13）在使用移动存储设备时，应先对其进行杀毒。

14）不打开陌生可疑的邮件。

15）浏览网页时选择正规的网站。

16）禁用远程功能，关闭不需要的服务。

2. 清除计算机病毒

（1）用防病毒软件清除病毒

针对已经感染病毒的计算机，建议使用防病毒软件进行全面杀毒。杀毒后，被破坏的文件有可能恢复成正常的文件。对未感染的文件，建议用户打开系统中防病毒软件的"系统监控"功能，从注册表、系统进程、内存、网络等多方面对各种操作进行主动防御。

一般情况下，使用杀毒软件是能清除病毒的，但考虑到病毒在正常模式下比较难清理，所以需要重新启动计算机在安全模式下查杀。若遇到比较顽固的病毒，可通过下载专杀工具来清除，更恶劣的病毒，就只能通过重装系统才能彻底清除。

（2）重装系统并格式化硬盘是比较彻底的杀毒方法

格式化会破坏硬盘上的所有数据，因此，格式化前必须确定硬盘中的数据是否还有用，要先做好备份工作。一般是进行高级格式化。需要说明的是，用户最好不要轻易进行低级格式化，因为低级格式化是一种消耗性操作，它对硬盘寿命有一定的负面影响。

（3）手工清除病毒

手工清除计算机病毒对技术要求高，需要熟悉计算机指令和操作系统，难度比较大，一般只能由专业人员操作。

4.7　计算机网络

知识点 25　计算机网络的相关概念及分类组成

1. 计算机网络与数据通信

（1）计算机网络

计算机网络是计算机技术与通信技术高度发展、紧密结合的产物，是将分布在不同地理位置、具有独立功能的多台计算机通过外部设备和通信线路连接起来，从而实现资源共享和信息传递的计算机系统。计算机网络具有可靠性、独立性、扩充性、高效性、廉价性、分布性、易操作性等特点。

（2）数据通信

数据通信是指两个计算机或终端之间以二进制的形式进行信息交换和数据传输，是通信技术和计算机技术相结合而产生的一种新的通信方式。与数据通信相关的概念包括信道、带宽与传输速率、模拟信号与数字信号、调制与解调、误码率等。

1）信道。

传输信息的物理性通道称为信道，信道是信息传输的媒介，目的是把携带信息的信号从它的输入端传递到输出端。

2）带宽与传输速率。

现代网络技术中，经常以宽带表示信道的数据传输速率。带宽是指在给定的范围内，可用于传输的最高频率与最低频率的差值。数据传输速率是描述数据传输系统性能的重要技术指标之一，它在数值上等于每秒传输构成数据代码的二进制比特数。

3）模拟信号与数字信号。

模拟信号指信息参数在给定范围内表现为连续的信号，是特定的模拟器，如电压、电流等值的变化是连续的，取值是无穷多个。数字信号表示数字化的电信号，其幅度的取值是离散的，二进制码也是一种数字信号，受噪声的影响较小，方便与对数字电路进行处理。

4）调制与解调。

调制是将各种数字基带信号转换成适合信道传输的数字调制信号，而解调是在接收端将收到的数字频带信号还原成数字基带信号。解调是调制的逆过程，将调制和解调功能结合在一起的设备称为调制解调器。

5）误码率。

误码率是衡量在规定时间内数据传输精确性的指标。误码是由于在信号传输过程中，衰变改变了信号的电压，导致信号在传输中遭到破坏而产生的。误码率则是指二进制码在数据传输系统中被传错的概率，是衡量通信系统可靠性的指标。

2. 计算机网络的分类

（1）局域网

局域网就是在局部地区范围内的网络，它所覆盖的地区范围较小。局域网具有数据传输速率高、误码率低、成本低、组网容易、易管理、易维护、使用灵活方便等优点。

（2）城域网

城域网是在一个城市内部组建的计算机消息网络，但不在同一地理小区范围内进行计算机互联，它是广域网和局域网之间的一种高速网络。

（3）广域网

广域网又称远程网，覆盖范围更广，一般在不同城市之间 LAN 或者 MAN 网络互联，地理范围在几十千米到几万千米，小到一个城市、一个地区，大到一个国家甚至全世界。但是广域网信道传输速率较低，结构相对复杂，安全保密性也较差。

3. 网络拓扑结构

（1）星形拓扑结构

每个节点与中心节点连接，中心节点控制全网的通信，任何两个节点之间的通信要通过中心节点。

（2）环形拓扑结构

将各个节点依次连接起来，并把收尾相连构成一个环形结构。

（3）树形拓扑结构

树形拓扑结构是一种分级结构，它将所有的节点按照一定的层次关系排列起来，最顶层只有一个节点，越往下节点越多。

（4）网形拓扑结构

网形拓扑结构主要用于广域网，其节点的连接是任意的、没有规律的，可靠性比较高。但由于其结构复杂，采用路由协议、流量控制等方法，会导致建设成本比较高。

（5）总线型拓扑结构

总线型拓扑结构是使用最普遍的一种网络，各节点连接在一条共用的通信电缆上，采用基带传输，任何时刻只有一个节点占用线路，并且占有者拥有线路的所有宽带。

4. 网络硬件

（1）网络服务器

网络服务器是网络的核心，是指被网络用户访问的计算机系统，包括提供网络用户使用的各种资源，并负责对这些资源进行管理，协调网络用户对资源的访问。

（2）传输介质

常用的传输介质包括轴电缆、双绞线、光缆和微波等。

（3）网络接口卡

网络接口卡是构成网络必备的基本设备，用于将计算机和通信电缆连接起来，以便经电缆在计算机之间进行高速数据传输。

（4）集线器

集线器可以看成是一种多端口的中继器，是共享带宽式的，其带宽由它的端口平均分配。集线器的选择在很大程度上取决于局域网的网络工作性质。

（5）交换机

交换机又称为交换式集线器，可以想象成一台多端口的桥接器，每一个端口都有其专用的带宽，交换概念的提出是对共享工作模式的改进，而交换式局域网的核心设备是局域网交换机。

（6）路由器

作为不同网络之间互相连接的枢纽，路由器系统构成了基本 TPC/IP 的 Internet 的主体脉络，它是实现局域网和广域网互联的主要设备。路由器检测数据的目的地址，并对路径进行动态分配，数据便可根据不同的地址分流到不同的路径中。若当前路径过多，路由器会动态选择合适的路径，从而平衡通信负载。

5. 网络软件

（1）应用层

应用层负责处理特定的应用程序数据，为应用软件提供网络接口，包括 HTTP（超文本传输协议）、Telnet（远程登录）、FTP（文件传输协议）等协议。

（2）传输层

传输层为两台主机间的进程提供端到端的通信，包括 TPC（传输控制协议）和 UDP（用户数据报协议）。

（3）互联网

互联网确定数据包从源到目的端如何选择路由。网络层主要的协议有 IPv4（Internet 协议版本 4）、IC-MP（Internet 控制报文协议），以及 IPv6（Internet 协议版本 6）等。

（4）主机网络层

主机网络层规定了数据包从一个设备的网络层传输到另一个设备的网络层的方法。

6. 无线局域网

无线局域网是计算机网络与无线通信技术相结合的产物，它利用射频技术取代双绞线构成的传统有线局域网络，并提供有线局域网的所有功能。

4.8　Internet 基础及应用

知识点 26　Internet 的基础

1. Internet IP 地址和域名

（1）IP 地址

IP 地址是一种在 Internet 上给计算机编址的方式，也称为网际协议地址，是 TPC/IP 中所使用的网络层地址标识。IP 由两部分组成：网络标识和主机标识。网络标识用来标识一个主机所属的网络，主机标识用来识别处于该网络中的一台主机。在 Internet 中，IP 地址是能使连接到网上的所有计算机网络实现相互通信的一套规则，规定了计算机在 Internet 上进行通信时应当遵守的规则。

（2）域名

域名的实质是用一组由字符组成的名字代替 IP 地址，为了避免重名，域名采用层次结构，各层次的子域名之间用圆点隔开，从右至左分别是第一级域名（或称顶级域名），第二级域名……直至主机名。

国际上，第一级域名采用通用的标准代码，它分组织机构和地理模式两种。由于 Internet 诞生于美国，所以第一级域名采用组织机构域名，美国以外的其他国家都采用主机所在地的名称，为第一级域名，例如，CN（中国）、JP（日本）、KR（韩国）、UK（英国）等。

2. Internet 接入方式

Internet 接入方式通常有专线连接、局域网连接、无线连接和电话拨号连接（ADSL）4 种，其中拨号连接对众多个人用户和小单位来说，是最经济简单并且采用最多的一种接入方式。下面简单介绍电话拨号连接和无线连接。

（1）ADSL

电话拨号接入 Internet 的主流技术是非对称数字用户线（ADSL）。这种接入技术的非对称性体现在上、下行速率的不同上，高速下行信道向用户传送视频、音频信息，速率一般在 1.5～8Mbit/s，低速上行速率一般在 16～640Kbit/s。

（2）无线连接

无线局域网的构建不需要布线，因此为组网提供了极大的便捷，省时省力，并且在网络环境发生变化需要更改的时候，也易于更改和维护。

知识点 27　Internet 的应用

1. 基本概念

（1）万维网

万维网（World Wide Web，WWW），是一个由多个相互相链接的超文本组成的系统，通过 Internet 访问。

（2）超文本和超链接

超文本是用超链接的方法将各种不同信息组织在一起的网状文本。超文本中不仅包含文本信息，还包含图形、声音、图像和视频等多媒体信息，因此被称为"超"文本。超文本中包含的指向其他网页的链接叫作超链接。一个超文本文件中可以包含多个超链接，它们把分布在本地或远程服务器中的各种形式的超文本文件链接在一起，形成一个纵横交错的链接网。利用超链接用户可以打破传统阅读文本时顺序阅读的规矩，而从一个网页跳转到另一个网页进行阅读。

（3）统一资源定位器

统一资源定位器（Uniform Resource Locater，URL）是对 Internet 中的每个资源文件统一命名的机制，又叫网页地址（网址），是用来描述 Web 页的地址和访问它时所用的协议。

（4）浏览器

浏览器是用于实现包括浏览功能在内的多种网络功能的应用软件，是用来浏览网上丰富资源的工具。它能够把超文本标记语言描述的信息转换成便于理解的形式，还可以把用户的请求转换成网络计算机能够识别的命令。

（5）FTP 文件传输协议

FTP 是 Internet 提供的基本任务，它在 TCP/IP 体系结构中位于应用层。FTP 使用 C/S 模式工作。

在 FIP 服务器程序允许用户进入 FTP 站点并下载文件之前，必须使用一个 FTP 账号和密码进行登录，一般专有的 FTP 站点只允许特许的账号和密码登录。

2. 浏览网页

Internet Explorer 一般称为 IE，是最常用的 Web 网页浏览器，下面以 IE9.0 为例学习 IE 的基本操作。

（1）IE 的启动与关闭

1）IE 浏览器的启动。

方法 1，执行【开始】→【所有程序】→【Internet Explorer】命令，启动 IE。

方法 2，单击快速启动栏中的【启动 IE 浏览器】按钮，即可启动 IE。

方法 3，双击桌面上的 IE 图标，也可以启动 IE。

2）IE 浏览器的关闭。

方法 1，单击窗口【关闭】按钮。

方法 2，选择控制菜单中的【关闭】命令。

方法 3，直接按快捷键【Alt+F4】。

方法 4，选择【文件】→【关闭】命令。

（2）网页浏览

当启动 IE 浏览器时，就会出现浏览器窗口，此时浏览器会打开默认的主页选项卡。进入页面即可浏览网页。网页中链接的文字或图片或许显现不同的颜色，或许有下划线，把鼠标指针放在其上，鼠标指针会变成小手形状。单击该链接，IE 就会跳转到链接的内容上。

（3）Web 页面的保存

打开要保存的 Web 页面。按【Alt】键显示菜单栏，执行【文件】→【另存为】命令，打开【保存页面】对话框。选择要保存的地址，输入名称，根据需要可从【网页，全部】【Web 档案，单个文件】【网页，仅 HTML】【文本文件】4 类中选择一种。单击【保存】按钮即可保存 Web 页面。

知识点 28   电子邮件的应用

1. E-mail 概论

在 Internet 上，电子邮件（E-mail）是一种通过计算机网络与其他用户联系的电子式邮政服务，也是当今使用最广泛且最受欢迎的网络通信方式。

（1）电子邮件地址

电子邮件的地址是一串英文字母和特殊符号的组合，由"@"分成两部分，中间不能有空格和逗号。它的一般形式是 Username@hostname。其中，Username 是用户申请的账号，即用户名，通常由用户的姓名或其他具有用户特征的表示命名；符号"@"读作 at，翻译成中文是"在"的意思；hostname 是邮政服务器的域名，即主机名，用来标识服务器在 Internet 中的位置，简单地说就是用户在邮件服务器上的信箱所在位置。

（2）电子邮件的格式

电子邮件一般由两个部分组成：信头和信体。

（3）电子邮箱

电子邮箱是我们在网络上保存邮件的储存空间，一个电子邮箱对应一个 E-mail 地址，有了电子邮箱才能收发邮件。

2. 启动 Outlook

（1）利用【开始】菜单启动 Outlook 2010

单击 Windows 任务栏上的【开始】按钮，选择【程序】→【Microsoft Office】→【Microsoft Office Outlook 2010】命令，即可启动 Outlook 2010。

（2）利用快捷图标启动 Outlook 2010

单击 Windows 任务栏上的【开始】按钮，右击【程序】→【Microsoft Office】→【Microsoft Office Outlook 2010】图标，在弹出的快捷菜单中选择【发送到】→【桌面快捷方式】命令。然后双击桌面上的快捷方式图标，即可启动 Outlook 2010。

3. 创建 Outlook 用户

启动 Outlook 2010，进入欢迎界面，单击【下一步】按钮，弹出【账户配置】对话框，选中【是】单选按钮。单击【下一步】按钮，选中【手动配置服务器设置或其他服务器类型】单选按钮。单击【下一步】按钮，选中【Internet 电子邮件】单选按钮，单击【下一步】按钮，输入相应的信息后单击【其他设置】按钮，在弹出的对话框中选择【发送服务器】选项卡，勾选【我的发送服务器（SMTP）要求验证】复选框。单击【确定】按钮，返回【添加新账户】对话框，单击【下一步】按钮，弹出【测试账户设置】对话框。设置完成后，单击【完成】按钮，新账户就创建好了。

4. 添加联系人

启动 Outlook 2010，在导航窗格中单击【联系人】按钮，在【开始】选项卡【新建】组中单击【新建联系人】按钮。在弹出的窗口中输入联系人的相关信息。输入完成后，在【联系人】选项卡中【动作】组中单击【保存并关闭】按钮，即可保存联系人的信息。

5. 查看联系人信息

打开 Outlook 2010，在导航窗口中单击【联系人】按钮，切换到【联系人】界面中，在该界面中默认以名片的形式显示所有联系人的信息。如果要修改联系人的显示形式，可选择【开始】选项卡，在【当前视图】组中单击【其他】按钮，在弹出的下拉列表中选择一种显示方式。如果需要查看联系人的信息，可在联系人所在的位置双击，即可查看该联系人的信息。

6. 发送邮件

启动 Outlook 2010，选择【开始】选项卡，在【新建】组中单击【新建电子邮件】按钮，弹出邮件编辑窗口，在【收件人】文本框中输入收件人的 E-mail 地址，在【主题】文本框中输入邮件的主题，在邮件正文中输入邮件的内容。创建好邮件后，单击【发送】按钮。

7. 接收邮件

连接 Internet，选择【收发/接收】选项卡，在【发送和接收】组中单击【发送/接收所有文件】按钮。

如果用户有多个账号，则在单击【发送/接收所有文件】按钮之后，Outlook 会依次接收各个账号下的邮件。如果只想接收某一个账户下的邮件，可选择【发送/接收】选项卡，在【发送和接收】组中单击【发送/接受组】按钮，然后在弹出的下拉菜单中选择相应的账号。

8. 阅读邮件

单击【收件箱】文件夹，打开【收件箱】窗户，收件箱列表中显示了邮件的发送者，发送时间和邮件主题，在其右侧将会显示邮件的内容。如果用户觉得小窗口显示的内容不够直观，可以双击邮件主题，即可打开一个窗口，用户可以在该窗口中查看邮件。

9. 回复邮件

如果用户阅读完邮件后需要回复邮件，可在邮件窗口中选择【邮件】选项卡，在【响应】组中单击【答复】按钮。回信编写就绪后，单击【发送】按钮，就可以完成回信任务。

10. 转发邮件

在收件箱中选择要转发的邮件。选择【开始】选项卡，在【响应】组中单击【转发】按钮，此时会在邮件编辑窗口打开邮件。在【收件人】文本框中输入转发到的地址，单击【发送】按钮即可转发该邮件。

11. 插入附件

启动 Outlook 2010，选择【开始】选项卡，在【新建】组中单击【新建电子邮件】按钮。在弹出的对话框中选择【邮件】选项卡，在【添加】组中单击【添加邮件】按钮。在弹出的对话框中选择要插入的文件，单击【插入】按钮返回，输入【收件人】和【主题】，单击【发送】按钮即可。

12. 抄送与密送文件

抄送是指用户在给收信人发送邮件的同时，也向其他人发送该邮件，该收信人从邮件中可以知道用户把邮件都抄送给了谁。

密件抄送与抄送的传送过程基本相同，但是邮件会按照"密件"的原则，即传送给收件人的邮件信息中不显示用户把邮件都发给了谁，也就是把抄送对象"保密"起来。

用户可以在写好邮件后，单击【抄送】按钮，在弹出的对话框中选择联系人，然后单击【抄送】或【密件抄送】按钮，完成后单击【确定】按钮即可。

13. 保存附件

在 Outlook 中，打开带有附件的邮件，在附件上右击，在弹出的快捷菜单中选择【另存为】命令，然后在弹出的对话框中指定保存路径，单击【确定】按钮即可。

此外，用户还可以右击要保存的附件，在弹出的快捷菜单中选择【保存所有附件】命令，然后在弹出的对话框中选择要保存的多个附件，并指定保存路径，最后单击【确定】按钮即可。

第5章　算法与数据库

本章主要介绍程序设计的基础知识和面向对象的程序设计基础，包括数据结构与算法、程序设计基础、软件工程基础和数据库设计基础。

5.1　数据结构与算法

知识点1　算法

1. 算法的基本概念

算法是指对解题方案准确而完整的描述。

（1）算法的基本特征

1）可行性：针对实际问题而设计的算法，执行后能够得到满意的结果，即必须有一个或多个输出。

注意：即使某一算法在数学理论上是正确的，但如果在实际的计算工具上不能执行，则该算法也是不具有可行性的。

2）确定性：即算法中每一步骤都必须是有明确定义的。

3）有穷性：即算法必须能在有限的时间内做完。

4）拥有足够的情报：一个算法是否有效，还取决于为算法所提供的情报是否足够。

（2）算法的基本要素

算法一般由以下两种基本要素构成。

1）对数据对象的运算和操作：算法就是按解题要求从指令系统中选择合适的指令组成的指令序列。因此，计算机算法就是计算机能执行的操作所组成的指令序列。不同的计算机系统，其指令系统是有差异的，但一般的计算机系统中都包括的运算和操作有4类，即算术运算、逻辑运算、关系运算和数据传输。

2）算法的控制结构：算法中各操作之间的执行顺序称为算法的控制结构。算法的功能不仅取决于所选中的操作，还与各操作之间的执行顺序有关。基本的控制结构包括顺序结构、选择结构和循环结构。

（3）算法设计的基本方法

算法设计的基本方法有列举法、归纳法、递推法、递归法、减半递推技术和回溯法。

2. 算法的复杂度

算法的复杂度主要包括算法的时间复杂度和算法的空间复杂度。

（1）算法的时间复杂度

所谓算法的时间复杂度是指执行算法所需要的计算工作量。一般情况下，算法的工作量用算法所执行的基本运算次数来度量，而算法所执行的基本运算次数是问题规模的函数，即算法的工作量＝$f(n)$，其中 n 是问题的规模。这个表达式表示随着问题规模 n 的增大，算法执行时间的增长率和 $f(n)$ 的增长率相同。

在同一个问题规模下，如果算法执行所需的基本运算次数取决于某一特定输入，可以用两种方法来分析算法的工作：平均性态分析和最坏情况分析。

（2）算法的空间复杂度

算法的空间复杂度，一般是指执行这个算法所需要的内存空间。算法执行期间所需要的存储空间包括算法程序所占的空间、输入的初始数据所占的存储空间和算法执行过程中所需要的额外空间 3 个部分。

在许多实际问题中，为了减少算法所占的存储空间，通常采用压缩存储技术。

知识点 2　数据结构的基本概念

1. 数据结构的定义

数据结构是指相互有关联的数据元素的集合，即数据的组织形式，包括数据的逻辑结构和数据的存储结构。

（1）数据的逻辑结构

所谓数据的逻辑结构，是指数据元素之间的逻辑关系（即前、后件关系），包括数据元素的线性结构和非线性结构两大类型。

如果一个非空的数据结构有且只有一个根节点，并且每个节点最多有一个直接前驱或直接后继，则称该数据结构为线性结构，又称线性表。不满足上述条件的数据结构称为非线性结构。

（2）数据的存储结构

数据的逻辑结构在计算机存储空间中的存放形式称为数据的存储结构（也称为数据的物理结构）。数据结构的存储方式包括顺序存储、链式存储、索引存储和散列存储 4 种。采用不同的存储结构，其数据处理的效率是不同的。因此，在进行数据处理时，要选择合适的存储结构。

数据结构研究的内容主要包括 3 个方面：①数据集合中各数据元素之间的逻辑关系，即数据的逻辑关系；②在对数据进行处理时，各数据元素在计算机中的存储关系，即数据的逻辑结构；③对各种数据结构进行的运算。

2. 数据结构的图形表示

数据元素之间最基本的关系是前、后件关系。前、后件关系即每一个二元组都可以用图形来表示。一般用中间标有元素值的方框表示数据元素，称为数据节点，简称节点。对于每一个二元组，通常用一条有向线段从前件指向后件。

用图形表示数据结构具有直观、易懂的特点，在不引起歧义的情况下，前件节点到后件结点连线上的箭头可以省去。例如，树形结构中，通常是用无向线段来表示前、后件关系的。

知识点3 线性表及其顺序存储结构

1. 线性表的基本概念

在数据结构中，线性结构也称为线性表，线性表是最简单也是最常用的一种数据结构。

线性表是由$n(n \geq 0)$个相同特性数据元素a_1, a_2, $\cdots$, a_n组成的有限序列，除表中的第一个元素外，其他元素有且只有一个前件；除了最后一个元素外，其他元素有且只有一个后件。

非空线性表可以表示为$(a_1, a_2, \cdots, a_i, \cdots, a_n)$，其中，$a_i(i=1, 2, \cdots, n)$是线性表的数据元素，也称为线性表的节点。

不同情况下，每个数据元素的具体含义不相同，可以是数或字符，也可以是具体的事物，甚至是其他更复杂的信息。但是需要注意的是，同一线性表中的数据元素必定具有相同的特性，即属于同一数据对象。

2. 线性表的顺序存储结构

将线性表中的元素按顺序存储在一片相邻的区域中。这种按顺序表示的线性表也称为顺序表。

线性表的顺序存储结构有两个基本特点：①元素所占的存储空间必须是连续的；②元素在存储空间的位置是按逻辑顺序存放的。

从这两个特点也可以看出，线性表是用元素在计算机内物理位置上的相邻关系来表示元素之间逻辑上的相邻关系。只要确定了首地址，线性表内任意元素的地址都可以方便地计算出来。

3. 线性表的插入运算

在线性表第i个元素之前插入一个新元素，可以通过3个步骤进行：①把原来第$i \sim n$个节点依次向后移动一个位置；②把新节点放在第i个位置上；③修正线性表的节点个数。

如果需要在线性表末尾进行插入运算，则只需要在表的末尾增加一个元素即可，不需要移动线性表中的其他元素。如果需要在线性表第一个位置插入新的元素，则需要移动线性表中的所有数据。

4. 线性表的删除运算

在线性表中删除第i个位置的元素，可以通过两个步骤进行：①将第$i+1 \sim n$共$n-1$个节点依次向前移一个位置；②修正线性表的节点个数。

显然，如果删除运算在线性表的末尾进行，即删除第n个元素，则不需要移动线性表中的其他元素。如果要删除第一个元素，则需要移动线性表中的所有数据。

知识点 4　栈和队列

1. 栈及其基本运算

（1）栈的基本概念

栈是一种特殊的线性表。在这种特殊的线性表中，插入与删除运算都只在线性表的一端进行。

在栈中，允许插入与删除的一端称为栈顶（top），另一端称为栈底（bottom）。当栈中没有元素时，称为空栈。栈也被称为"先进后出"表，或"后进先出"表。

（2）栈的特点

① 栈顶元素总是最后被插入的元素，也是最早被删除的元素。

② 栈底元素总是最早被插入的元素，也是最晚才能被删除的元素。

③ 栈具有记忆功能。

④ 在顺序存储结构下，栈的插入和删除运算都不需要移动表中其他数据元素。

⑤ 栈顶指针动态反映了栈中元素的变化情况。

（3）栈的顺序存储及运算

栈的基本运算有以下 3 种。

① 入栈运算：在栈顶位置插入一个新元素。

② 退栈运算：取出栈顶元素并赋给一个指定的变量。

③ 读栈顶元素：将栈顶元素赋给一个指定的变量。

2. 队列及其基本运算

（1）队列的基本概念

队列是指允许在一端进行插入，而在另一端进行删除的线性表。允许插入的一端称为队尾，通常用一个尾指针（rear）指向队尾元素；允许删除的一端称为队头，通常用一个头指针（front）指向头元素的前一个位置。因此，队列也称为"先进先出"线性表。在队列中插入元素称为入队运算，在队列中删除元素称为退队运算。

（2）循环队列及其运算

所谓循环队列，就是将队列存储空间的最后一个位置连接到第一个位置，形成逻辑上的环状空间，供队列循环使用。

在循环队列中，尾指针指向队列的尾元素，头指针指向头元素的前一个位置，因此，从头指针指向的后一个位置直到尾指针指向的位置之间所有的元素均为队列中的元素。循环队列的初始状态为空，即 rear=front。

循环队列基本运算入队运算是指在循环队列的队尾加入一个新的元素，退队运算是指在循环队列的队头位置退出一个元素，并赋给指定的变量。

知识点 5　线性链表

1. 线性链表的基本概念和特点

线性表的链式存储结构称为线性链表。为了存储线性链表中的每一个元素，不仅要存储数据元素的值，还要存储各数据元素之间的前、后件关系。因此，在链式存储结构中，每个节点由两部分组成：一部分称为数据域，用于存放数据元素的值；另一部分称为指针域，用于存放下一个数据元素的存储序号，即指向后件节点。链式存储结构既可以表示线性结构，也可以表示非线性结构。

线性链表的特点是：用一组不连续的存储单元存储线性表中的各个元素，由于存储单元不连续，数据元素之间的逻辑关系就不能依靠数据元素的存储单元之间的物理关系来表示。

2. 线性链表的基本运算

线性链表主要包括以下几种运算：
① 在线性链表中包含指定元素的节点之前插入一个新元素。
② 在线性链表中删除包含指定元素的节点。
③ 将两个线性链表按要求合并成一个线性链表。
④ 将一个线性链表按要求进行分解。
⑤ 逆转线性链表。
⑥ 复制线性链表。
⑦ 线性链表的排序。
⑧ 线性链表的查找。

3. 循环链表及其基本运算

（1）循环链表的定义
在线性链表的第一个节点前增加一个表头节点，队头指针指向表头节点，将最后一个节点的指针域的值由 NULL 改为指向表头节点，这样的线性链表称为循环链表。在循环链表中，所有节点的指针构成一个环状链。
（2）循环链表与线性链表的区别
对线性链表的访问是一种顺序访问，从其中某一个节点出发，只能找到它的直接后继，但无法找到它的直接前驱，而且对于空表和第一个节点的处理必须单独考虑，空表与非空表的操作不统一。

在循环链表中，只要指出表中任何一个节点的位置，就可以从它出发访问到表中其他所有的节点。并且，由于表头节点是循环链表固有的节点，因此，即使在表中没有数据元素的情况下，表中也至少有一个节点存在，从而使空表和非空表的运算统一。

知识点 6　树和二叉树

1.　树的基本概念

树的结构是一种以分支关系定义的层次结构，是一种简单的非线性结构。树是由 $n(n \geq 0)$ 个节点构成的有限集合，$n=0$ 的树称为空树；当 $n \neq 0$ 时，树中的节点满足以下两个条件：①有且仅有一个没有前驱的节点，称为根；②其余节点分成 $m(m>0)$ 个互不相交的有限集合（T_1，T_2，…，T_m），其中的每一个集合又都是一棵树，称 T_1，T_2，…，T_m，为根节点的子树。

在树的结构中主要涉及以下几个概念。

1）每一个节点只有一个前件，称为父节点；没有前件的节点只有一个，称为树的根节点，简称树的根。

2）每一个节点可以有多个后件，称为该节点的子节点；没有后件的节点称为叶子节点。

3）一个节点所拥有的后继个数称为该节点的度。

4）所有节点最大的度称为树的度。

5）树的最大层次称为树的深度。

2.　二叉树及其基本性质

（1）二叉树的定义

二叉树是一种非线性结构，是一个有限的节点集合，该集合或者为空，或者由一个根节点及其两棵互不相交的左、右二叉子树组成。当集合为空时，称该二叉树为空二叉树。

（2）二叉树的特点

① 二叉树可以为空，空的二叉树没有节点，非空二叉树有且只有一个根节点。

② 每一个节点最多有两棵子树，且分别称为该节点的左子树与右子树。

（3）满二叉树和完全二叉树

① 满二叉树：除最后一层外，每一层上的所有节点都有两个子节点，即在满二叉树的第 k 层上有 $2k-1$ 个节点。

② 完全二叉树：除最后一层外，每一层上的节点数都达到最大值；在最后一层上只缺少右边的若干节点。

注意：满二叉树一定是完全二叉树，但完全二叉树不一定是满二叉树。

（4）二叉树的性质

① 一棵非空二叉树的第 k 层上最多有 2^{k-1}（$k \geq 1$）个节点。

② 深度为 m 的满二叉树中有 2^m-1 个节点。

③ 对任何一个二叉树，度为 0 的节点（即叶子节点）总是比度为 2 的节点多一个。

④ 具有 n 个节点的完全二叉树的深度 k 为 $\log_2 n+1$。

3. 二叉树的存储结构

在计算机中，二叉树通常采用链式存储结构。用于存储二叉树中各元素的存储节点由数据域和指针域组成。由于每个元素可以有两个后件（即两个子节点），所以用于存储二叉树的存储节点的指针域有两个：一个指向该节点的左子节点的存储地址，称为左指针域；另一个指向该节点的右子节点的存储地址，称为右指针域。因此，二叉树的链式存储结构也称为二叉链表。满二叉树与完全二叉树可以按层次进行顺序存储。

4. 二叉树的遍历

二叉树的遍历是指不重复地访问二叉树中的所有节点。二叉树的遍历主要针对非空二叉树，如果是空二叉树，则结束遍历并返回。

二叉树的遍历包括前序遍历、中序遍历和后序遍历。

1）前序遍历（DLR）：首先访问根节点，然后遍历左子树，最后遍历右子树。
2）中序遍历（LDR）：首先遍历左子树，然后访问根节点，最后遍历右子树。
3）后序遍历（LRD）：首先遍历左子树，然后遍历右子树，最后访问根节点。

知识点 7　查找技术

1. 顺序查找

顺序查找一般是指在线性表中查找指定的元素。其基本思路是：从表中的第一个元素开始，依次将线性表中的元素与被查找元素进行比较，直到两者相符，查到所要找的元素为止；否则，表中没有要查找的元素，查找不成功。

在最快的情况下，第一个元素就是要查找的元素，顺序查找只需比较 1 次。在最慢的情况下，最后一个元素才是要查找的元素，顺序查找需要比较 n 次。在平均的情况下，顺序查找需要比较 $n/2$ 次。

在查找过程中遇到下列两种情况则只能采取顺序查找：①如果线性表中元素的排列是无序的，则无论是顺序存储结构，还是链式存储结构，都只能采用顺序查找；②即使是有序线性表，若采用链式存储结构，也只能采用顺序查找。

2. 二分查找

使用二分查找的线性表必须满足两个条件：①线性表是顺序存储结构；②线性表是有序表。所谓有序表，是指线性表中的元素按值非递减排列（即从小到大，但允许相邻元素值相等）。

对于长度为 n 的有序线性表，利用二分查找元素 x 的过程如下。

1）将 x 与线性表的中间项进行比较。
2）若中间项的值等于 x，则查找成功，结束查找。
3）若 x 小于中间项的值，则在线性表的前半部分以二分法继续查找。
4）若 x 大于中间项的值，则在线性表的后半部分以二分法继续查找。

这样反复进行查找，直到查找成功或子表长度为 0（说明线性表中没有这个元素)为止。

注意： 当有序线性表为顺序存储时，采用二分查找的效率要比顺序查找高得多。对于长度为 n 的有序线性表，在最慢的情况下，二分查找只需要比较 $\log_2 n$ 次，而顺序查找需要比较 n 次。

知识点8　排序技术

1. 交换类排序法

交换排序是指借助数据元素的"交换"来进行排序的一种方法。这里主要介绍冒泡排序法和快速排序法。

（1）冒泡排序法

1）冒泡排序法的思想：在线性表中依次查找相邻的两个数据元素，将其中大的元素不断往后移动，反复操作直到消除所有逆序为止，则排序完成。

2）冒泡排序法的基本过程：

① 从表头开始向后查找线性表，在查找过程中逐次比较相邻两个元素的大小，若前面的元素大于后面的元素，则将它们交换。

② 从后向前查找剩下的线性表（除去最后一个元素），同样，在查找过程中逐次比较相邻两个元素的大小，若后面的元素小于前面的元素，则将它们交换。

③ 剩下的线性表重复上述过程，直到剩下的线性表变空为止，线性表排序完成。

注意： 若线性表的长度为 n，则在最慢的情况下，冒泡排序需要经过 $n/2$ 遍从前向后的扫描和 $n/2$ 遍从后向前的扫描，需要比较 $n(n-1)/2$ 次，其数量级为 n^2。

（2）快速排序法

1）快速排序法的思想：在线性表中逐个选取元素，将线性表进行分割，直到所有元素选取完毕，排序完成。

2）快速排序法的基本过程：

① 从线性表中选取一个元素，设为 T，将线性表中小于 T 的元素移动到前面，大于 T 的元素移到后面，即将线性表以 T 为分界线分成前、后两个子表，此过程称为线性表的分割。

② 对子表再按上述原则反复进行分割，直到所有子表变空为止，此时线性表排序完成。

2. 插入类排序法

插入排序是指将无序序列中的各元素依次插入到已经有序的线性表中。这里主要介绍简单插入排序法和希尔排序法。

（1）简单插入排序法

简单插入排序法是指把 n 个待排序的元素看成一个有序表和一个无序表，开始时，有序表只包含一个元素，而无序表包含 $n-1$ 个元素，每次取无序表中的第一个元素插入到有序表中的正确位置，使之成为增加一个元素的新的有序表。插入元素时，插入位置及其后的记录依次向后移动，最后有序表的长度为 n，无序表为空时排序完成。

注意： 在简单插入排序中，每一次比较后最多移掉一个逆序，因此，该排序方法的效率与冒泡排序法相同。在最慢的情况下，简单插入排序需要 $n(n-1)/2$ 次比较。

（2）希尔排序法

希尔排序法的思想：将整个无序序列分割成若干个小的子序列并分别进行简单插入排序。

分割方法如下：

① 把相隔某个增量 h 的元素组成一个子序列，在子序列中进行简单插入排序后重新组合成一个大序列。

② 逐次减少增量重复步骤①，直到 h 减少到 1 时，进行一次插入排序，排序即可完成，希尔排序的效率与所选取的增量序列有关。

3．选择类排序法

选择排序的基本思想是通过每一次从待排序序列中选出值最小的元素，按顺序放在已排好序的有序子表的后面，直到全部序列满足排序要求为止。这里主要介绍简单选择排序法和堆排序法。

（1）简单选择排序法

简单选择排序的思想：首先从所有 n 个待排序的数据元素中选出最小的元素，将该元素与第一个元素交换，再从剩下的 $n-1$ 个元素中选出最小的元素与第二个元素交换。重复这样的操作直到所有的元素有序为止。简单选择排序在最慢的情况下需要比较 $n(n-1)/2$ 次。

（2）堆排序法

堆排序法的思想：首先将一个无序序列建成堆，然后将堆顶元素与堆中最后一个元素交换。忽略已经交换到最后的那个元素，将前 $n-1$ 个元素构成的子序列调整为堆。重复操作直到剩下的子序列变空时止。在最慢的情况下，堆排序需要比较 $n\log_2 n$。

5.2　程序设计基础

知识点 9　程序设计方法与风格

1．程序设计方法

程序设计是指设计、编制、调试程序的方法和过程。

程序设计方法是研究问题求解和如何进行系统构造的软件方法学。常用的程序设计方法有结构化程序设计方法、软件工程方法和面向对象方法。

2. 程序设计风格

程序设计风格是指编写程序时所表现出的特点、习惯和逻辑思路。良好的程序设计风格可以使程序结构清晰合理，程序代码便于维护，因此，程序设计风格深深地影响着软件的质量和维护。要形成良好的程序设计风格，主要应注重和考虑以下几点因素：①源程序文档化；②数据说明方法；③语句的结构；④输入和输出。

知识点 10   结构化程序设计

1. 结构化程序设计的原则

结构化程序设计方法的主要原则可以概括为自顶向下、逐步求精、模块化及限制使用 goto 语句。

1）自顶向下：程序设计时，应先考虑总体，后考虑细节；先考虑全局目标，后考虑具体问题。

2）逐步求精：将复杂问题细化，细分为逐个小问题，再依次求解。

3）模块化：把程序要解决的总目标分解为若干目标，再进一步分解为具体的小目标，把每个小目标称为一个模块。

4）限制使用 goto 语句。

2. 结构化程序设计的基本结构

结构化程序设计有 3 种基本结构，即顺序结构、选择结构和循环结构。

3. 结构化程序设计的原则和方法的应用

结构化程序设计是一种面向过程的程序设计方法。在结构化程序设计的具体实施中，需要注意以下问题。

1）使用程序设计语言的顺序、选择、循环等有限的控制结构表示程序的控制逻辑。

2）选用的控制结构只准许有一个入口和一个出口。

3）程序语句组成容易识别的块，每块只有一个入口和一个出口。

4）复杂结构应该应用嵌套的基本控制结构进行组合嵌套来实现。

5）语言中没有的控制结构，应该采用前后一致的方法来模拟。

6）严格控制 goto 语句的使用。

知识点 11   面向对象的程序设计

1. 面向对象方法的本质

面向对象方法的本质就是主张从客观世界固有的事物出发来构造系统，提倡用人类在现实生活中常用的思维方法来认识、理解和描述客观事物，强调最终建立的系统能够映射问题域。

2. 面向对象方法的优点

1）与人类习惯的思维方法一致。

2）稳定性好。

3）可重用性好。

4）易于开发大型软件产品。

5）可维护性好。

3. 面向对象方法的基本概念

（1）对象

对象是面向对象方法中最基本的概念。对象可以用来表示客观世界中任何实体，它既可以是具体的物理实体的抽象，也可以是人为概念，或者是任何有明确边界和意义的事物。

（2）类

类是具有共同属性、共同方法的对象的集合，是关于对象的抽象描述，反映属于该对象类型的所有对象的性质。

（3）实例

一个具体对象是其对应类的一个实例。

（4）消息

消息是一个实例与另一个实例之间传递的信息，它请求对象执行某一处理或回答某一要求的信息，它统一了数据流和控制流。

（5）继承

继承是使用已有的类定义作为基础建立新类的定义方法。在面向对象方法中。类组成具有层次结构的系统：一个类的上层可有父类，下层可有子类；另一个类直接继承其父类的描述（数据和操作）或特性，子类自动地共享基类中定义的数据和方法。

（6）多态性

对象根据所接收的信息而做出动作，同样的消息被不同的对象接收时可以有完全不同的行动，该现象称为多态性。

5.3　软件工程基础

知识点 12　软件工程的基本概念

1. 软件的定义与软件的特点

（1）软件的定义

软件是指与计算机系统操作有关的计算机程序、规程、规则,以及可能有的文件、文档及数据。

计算机软件由两部分组成：一是可执行的程序和数据；二是不可执行的，与软件开发、运行、维护、使用等有关的文档。

（2）软件的特点

1）软件是一种逻辑实体，具有抽象性。

2）软件的生产与硬件不同，它没有明显的制作过程。

3）软件在运行、使用期间，不存在磨损、老化问题。

4）软件的开发、运行对计算机系统具有依赖性，受计算机系统的限制，这导致了软件移植的问题。

5）软件复杂性高、成本昂贵。

6）软件开发涉及诸多的社会因素。

2．软件危机与软件工程

（1）软件危机

软件危机泛指在计算机软件开发和维护的过程中所遇到的一系列严重问题。具体地说，在软件开发和维护过程中，软件危机主要表现在以下几个方面。

1）软件需求的增长得不到满足。

2）软件的开发成本和进度无法控制。

3）软件质量难以保证。

4）软件不可维护或维护程度非常低。

5）软件的成本不断提高。

6）软件开发生产率的提高赶不上硬件的发展和应用需求的增长。

总之，可以将软件危机归结为成本、质量、生产率等问题。

（2）软件工程

软件工程是指应用于计算机软件的定义、开发和维护的一整套方法、工具、文档、实践标准和工序。

软件工程包括两方面内容：软件开发技术和软件工程管理。软件工程包括 3 个要素：方法、工具和过程。软件的核心思是把软件产品看作是一个工程产品来处理。

3．软件工程过程与软件生命周期

（1）软件工程过程

软件工程过程是指把输入转化为输出的一组彼此相关的资源和活动。

（2）软件生命周期

通常，将软件产品从提出、实现、使用维护到停止使用的过程称为软件生命周期。

软件生命周期主要包括软件定义、软件开发及软件运行维护 3 个阶段。其中软件生命周期的主要活动阶段包括可行性研究与计划制订、需求分析、软件设计、软件实现、软件测试和运行维护。

4. 软件工程的目标与原则

（1）软件工程的目标

软件工程需达到的目标是：在给定成本、进度的前提下，开发出具有有效性、可靠性、可理解性、可维护性、可重用性、可适应性、可移植性、可追踪性和可互操作性且满足用户需求的产品。

（2）软件工程的原则

为了实现软件工程的目标，在软件开发过程中，必须遵循软件工程的基本原则。这些原则适用于所有的软件项目，包括抽象、信息隐蔽、模块化、局部化、确定性、一致性、完备性和可验证性。

5. 软件开发工具与软件开发环境

软件开发工具与软件开发环境的使用，提高了软件的开发效率、维护效率和软件质量。

（1）软件开发工具

软件开发工具的产生、发展和完善促进了软件的开发速度和质量的提高。软件开发工具从初期的单项工具逐步向集成工具发展。与此同时，软件开发的各种方法也必须得到相应的软件工具的支持，否则方法就很难有效实施。

（2）软件开发环境

软件开发环境是指全面支持软件开发过程的软件工具集合。这些软件工具按照一定的方法或模式组合起来，支持软件生命周期的各个阶段和各项任务的完成。

计算机辅助软件工程是当前软件开发环境中富有特色的研究工作和发展方向。该工程将各种软件工具、开发计算机和一个存放过程信息的中心数据库组合起来，形成软件工程环境。一个良好的软件工程环境将最大限度地降低软件开发的技术难度，并使软件开发的质量得到保证。

知识点 13　结构化分析方法

结构化分析方法是需求分析方法中的一种。

1. 需求分析和需求分析方法

（1）需求分析

软件需求是指用户对目标软件系统在功能、行为、性能、设计约束等方面的期望。

需求分析的任务是发现需求、求精、建模和定义需求的过程。需求分析将创建所需的数据模型以及功能模型和控制模型。

需求分析阶段的工作，可以概括为 4 个方面：需求获取、需求分析、编写需求规格说明书以及需求评审。

（2）需求分析方法

常用的需求分析方法有结构化分析方法和面向对象分析方法，这里主要介绍结构化分析方法。

2. 结构化分析方法

（1）结构化分析方法的定义

结构化分析方法是指结构化程序设计理论在软件需求分析阶段的应用。

结构化分析方法的实质是着眼于数据流，自顶向下，逐层分解，建立系统的处理流程，以数据流图和数据字典为主要工具，建立系统的逻辑模型。

（2）结构化分析方法的常用工具

结构化分析方法的常用工具包括数据流图、数据字典、判断树、判断表。下面主要介绍数据流图和数据字典。

1）数据流图是描述数据处理的工具，是需求理解的逻辑模型的图形表示，它直接支持系统的功能建模。数据流图从数据传递和加工的角度来刻画数据流从输入到输出的移动变换过程。

2）数据字典是结构化分析方法的核心，是对所有与系统相关的数据元素的一个有组织的列表，以及明确的、严格的定义，使得用户和系统分析员对于输入、输出、存储成分和中间计算结果有共同的理解。通常数据字典包含的信息有名称、别名、何处使用/如何使用、内容描述、补充信息等。数据字典中有4种类型的条目：数据流、数据项、数据存储和数据加工。

3. 软件需求规格说明书

软件需求规格说明书是需求分析阶段的最后结果，是软件开发中的重要文档之一。

软件需求规格说明书的标准主要有正确性、无歧义性、完整性、可验证性、一致性、可理解性、可修改性和可追踪性。

知识点14　结构化设计方法

1. 软件设计的基本概念及方法

（1）软件设计的基础

软件设计是软件工程的重要阶段，是把软件需求转换为软件表示的过程。软件设计的基本目标是用比较抽象概括的方式确定目标系统如何完成预定的任务，即软件设计是确定系统的物理模型。

（2）软件设计的基本原理

软件设计遵循软件工程的基本目标和原则，建立了适用于软件设计中应该遵循的基本原理和与软件设计有关的概念，主要包括抽象、模块化、信息隐藏及模块的独立性。下面主要介绍模块独立性的一些度量标准，模块的独立程度是评价设计好坏的重要度量标准。衡量软件的模块独立性的定性度量标准是使用耦合性和内聚性。

耦合性是模块间互相连接的紧密程度的度量。内聚性是一个模块内部各个元素间彼此结合的紧密程度的度量。通常较优秀的软件设计，应尽量做到高内聚、低耦合。

（3）结构化设计方法

结构化设计就是采用最佳的可能方法，设计系统的各个组成部分及各成分之间的内部联系的技术。也就是说，结构化设计是这样一个过程，它决定用哪些方法把哪些部分联系起来，才能解决好某个具体且有清楚定义的问题。

结构化设计方法的基本思想是将软件设计成由相对独立、功能单一的模块组成的结构。

2. 概要设计

（1）概要设计的任务

1）设计软件系统结构。

2）设计数据结构及数据库。

3）编写概要设计文档。

4）评审概要设计文档。

（2）面向数据流的设计方法

在需求分析设计阶段，产生了数据流图。面向数据流的设计方法定义了一些不同的映射方法，利用这些映射方法可以把数据流图变换成结构图表示的软件结构。数据流图是指从系统的输入数据流到系统的输出数据流的一连串连续加工形成了一条信息流。

数据流图的信息流可分为两种类型：变换流和事务流。相应地，数据流图有两种典型的结构形式：变换型和事务型。

面向数据流的结构化设计过程包括以下几个方面。

1）确认数据流图的类型（是事务型，还是变换型）。

2）说明数据流的边界。

3）把数据流图映射为程序结构。

4）根据设计准则对产生的结构进行优化。

（3）结构化设计的准则

1）提高模块独立性。

2）模块规模应适中。

3）深度、宽度、扇入和扇出应适当。

4）模块的作用域应该在控制域之内。

5）降低模块之间接口的复杂程度。

6）设计单入口、单出口的模块。

7）模块功能应该可以预测。

3. 详细设计

（1）详细设计的任务

详细设计的任务是为软件结构图中的每一个模块确定实现算法和局部数据结构，用某种选定的表达工具表示算法和数据结构的细节。

（2）详细设计的工具

1）图形工具：程序流程图、N-S、PAD 及 HIPO。

2）表格工具：判定表。

3）语言工具：PDL（伪码）。

知识点 15　软件测试

软件测试是保证软件质量的重要手段，其主要过程涵盖了整个软件生命周期的过程，包括需求定义阶段的需求测试、编码阶段的单元测试、集成测试以及以后的确认测试、系统测试，验证软件是否合格、能否交付用户使用等。

1. 软件测试的目的及准则

（1）软件测试的目的

软件测试是为了发现错误而执行程序的过程。

一个好的测试用例是指很可能找到迄今为止尚未发现的错误的用例。

一个成功的测试是发现了至今尚未发现的错误的测试。

（2）软件测试的准则

鉴于软件测试的重要性，要做好软件测试，除了设计出有效的测试方案和好的测试用例，软件测试人员还需要充分理解和运用软件测试的一些基本准则。

1）所有测试都应追溯到用户需求。

2）严格执行测试计划，排除测试的随意性。

3）充分注意测试中的群集现象。

4）程序员应避免检查自己的程序。

5）穷举测试不可能实施。

6）妥善保存测试计划、测试用例、出错统计和最终分析报告，为软件维护提供方便。

2. 软件测试技术和方法综述

软件测试的方法是多种多样的，对于软件测试方法和技术，可以从不同角度加以分类。若从是否需要执行被测软件的角度，可以分为静态测试与动态测试，若按照功能划分，可以分为白盒测试与黑盒测试。

（1）静态测试与动态测试

1）静态测试不实际运行软件，主要通过人工进行分析，包括代码检查、静态结构分析、代码质量度量等。其中代码检查分为代码审查、代码走查、桌面检查、静态分析等具体形式。

2）动态测试是基于计算机的测试，是为了发现错误而执行程序的过程。设计高效、合理的测试用例是做好动态测试的关键。

测试用例就是为测试设计的数据，由测试输入数据和预期的输出结果两部分组成。测试用例的设计方法一般分为两类：白盒测试和黑盒测试。

（2）白盒测试与黑盒测试

1）白盒测试方法。

白盒测试也称为结构测试或逻辑驱动测试，它根据程序的内部逻辑来设计测试用例，检查程序中的逻辑通路是否都按预定的要求正确地工作。

白盒测试的主要方法有逻辑覆盖测试、基本路径测试等。

2）黑盒测试方法。

黑盒测试也称为功能测试或数据驱动测试，它根据规格说明书的功能来设计测试用例，检查程序的功能是否符合规格说明书的要求。

黑盒测试的主要诊断方法有等价类划分法、边界值分析法、错误推测法、因果图法等，主要用于软件确认测试。

3. 软件测试的实施

软件测试的实施过程主要有 4 个步骤：单元测试、集成测试、确认测试（验收测试）和系统测试。

（1）单元测试

单元测试也称模块测试，模块是软件设计的最小单位，单元测试是对模块进行正确性的检验，以期尽早发现各模块内部可能存在的各种错误。

（2）集成测试

集成测试也称组装测试，它是对各模块按照设计要求组装成的程序进行测试，其主要目的是发现与接口有关的错误。

（3）确认测试

确认测试的任务是用户根据合同进行，确定系统功能和性能是否可接受。确认测试需要用户的积极参与或者以用户为主进行。

（4）系统测试

系统测试是将软件系统与硬件、外设或其他元素结合在一起，对整个软件系统进行测试。系统测试的内容包括功能测试、操作测试、配置测试、性能测试、安全测试和外部接口测试等。

知识点 16　程序的调试

在对程序进行了成功的测试之后需要对程序进行调试。程序调试的任务是诊断和改正程序中的错误。

1. 程序调试的基本概念及调试原则

调试是成功测试之后的步骤，也就是说，调试是在测试发现错误之后，排除错误的过程。软件测试贯穿整个软件生命期，而调试主要在开发阶段。

程序调试活动由两部分组成：①根据错误的迹象确定程序中错误的确切性质、原因和位置；②对程序进行修改，排除这个错误。

（1）调试的基本步骤

① 错误定位。

② 修改设计和代码，以排除错误。

③ 进行回归测试，防止引入新的错误。

（2）调试的原则

调试活动由对程序中错误的定性/定位和排错两部分组成，因此调试原则也从这两方面考虑：①确定错误的性质和位置的原则；②修改错误的原则。

2. 程序调试的主要方法

调试的关键在于推断程序内部的错误位置及原因。从是否跟踪和执行程序的角度来看，类似于软件测试，分为静态调试和动态调试。静态调试主要是指通过人的思维来分析源程序代码和排错，是主要的调试手段，而动态调试主要辅助静态调试。

软件调试的主要方法有强行排错法、回溯法和原因排除法。其中，强行排错法是传统的调试方法；回溯法适合于小规模程序的排错；原因排除法是通过演绎、归纳及二分法来实现的。

5.4 数据库设计基础

知识点 17 数据库系统的基本概念

1. 数据、数据库、数据库管理系统、数据库系统的定义

（1）数据

数据是描述事物的符号记录。

（2）数据库

数据库是指长期存储在计算机内的、有组织的、可共享的数据集合。

（3）数据库管理系统

数据库管理系统是数据库的机构，它是一个系统软件，负责数据库中的数据组织、数据操纵、数据维护、控制及保护和数据服务等。

数据库管理系统主要有 4 种类型：文件管理系统、层次数据库系统、网状数据库系统和关系数据库系统，其中，关系数据库系统的应用最广泛。

（4）数据库系统

数据系统是指引进数据库技术后的整个计算机系统，是能实现有组织地、动态地存储大量相关数据并提供数据处理和信息资源共享的便利手段。

2. 数据库系统的发展

数据管理发展已经经历了 3 个阶段：人工管理阶段、文件系统阶段和数据库系统阶段。

一般认为，未来的数据库系统应支持数据管理、对象管理和知识管理，应该具有面向对象的基本特征。在关于数据库的诸多新技术中，有 3 种是比较重要的，即面向对象数据库系统、知识库系统和关系数据库系统的扩充。

（1）面向对象数据库系统

用面向对象方法构筑面向对象数据库模型，使模型具有比关系数据库系统更为通用的能力。

（2）知识库系统

用人工智能中的方法，特别是用逻辑知识表示方法构筑数据模型，使模型具有特别通用的能力。

（3）关系数据库系统的扩充

利用关系数据库做进一步扩展，使其在模型的表达能力与功能上有进一步的加强，如与网络技术相结合的 Web 数据库、数据仓库及嵌入式数据库等。

3．数据库系统的基本特点

数据库系统具有以下特点：数据的集成性、数据的高共享性与低冗余性、数据独立性、数据统一管理与控制。

4．数据库系统的内部结构体系

数据模式是数据库系统中数据结构的一种表示形式，具有不同的层次与结构方式。

数据库系统在其内部具有 3 级模式及 2 级映射。3 级模式分别是概念模式、内模式与外模式；2 级映射是外模式/概念模式的映射和概念模式/内模式的映射。3 级模式与 2 级映射构成了数据库系统内部的抽象结构体系。

模式的 3 个级别层次反映了模式的 3 个不同环境及不同要求，其中内模式处于最底层，它反映了数据在计算机物理结构中的实际存储形式；概念模式处于中层，它反映了设计者的数据全局逻辑要求，而外模式位于最外层，它反映了用户对数据的要求。

知识点 18　数据模型

1．数据模型的基本概念

数据是现实世界符号的抽象，而数据模型是数据特征的抽象。它从抽象层次上描述了系统的静态特征、动态行为和约束条件，为数据库系统的信息表示与操作提供一个抽象的框架。数据模型所描述的内容有 3 个部分，它们是数据结构、数据操作及数据约束。

数据模型按不同的应用层次分为 3 种类型，它们是概念数据模型、逻辑数据模型和物理数据模型。

目前，逻辑数据模型也有很多种，较为成熟并先后被人们大量使用过的有层次模型、网状模型、关系模型、面向对象模型等。

2. E-R 模型

E-R 模型（实体-联系模型）将现实世界的要求转化成实体、联系、属性等几个基本概念，以及它们之间的两种基本连接关系，并且可以用 E-R 图非常直观地表示出来。E-R 图提供了表示实体、属性和联系的方法。

1）实体：客观存在并且可以相互区别的事物，用矩形表示，矩形框内写明实体名。

2）属性：描述实体的特性，用椭圆形表示，并用无向边将其与相应的实体连接起来。

3）联系：实体之间的对应关系，它反映现实世界事物之间的相互联系，用菱形表示，菱形框内写明联系名。

在现实世界中，实体之间的联系可分为 3 种类型："一对一"的联系（简记为 $1:1$）、"一对多"的联系（简记为 $1:n$）、"多对多"的联系（简记为 $M:N$ 或 $m:n$）。

3. 层次模型

层次模型是用树形结构表示实体及其之间联系的模式。在层次模型中，节点是实体，树枝是联系，从上到下是一对多的关系。

层次模型的基本结构是树形结构，自顶向下，层次分明。其缺点是：受文件系统影响大，模型受限制多，物理成分复杂，操作与使用均不理想，且不适用于表示非层次性的联系。

4. 网状模型

网状模型是用网状结构表示实体及其之间联系的模型。可以说，网状模型是层次模型的扩展，可以表示多个从属关系的层次结构，并呈现一种交叉关系。

网状模型是以记录类型为节点的网络，它反映了现实世界中较为复杂的事物间的联系。

5. 关系模型

（1）关系的数据结构

关系模型采用二维表来表示，简称表。二维表由表框架及表的元组组成。表框架是由 n 个命名的属性组成，n 称为属性元素。每个属性都有一个取值范围，称为值域。表框架对应了关系的模式，即类型的概念。在表框架中按行可以存放数据，每行数据称为元组。

在二维表中唯一能标识元组的最小属性集称为该表的键（或码）。二维表中可能有若干个键，它们称为该表的候选码（或候选键）。从二维表的候选键中选取一个作为用户使用的键，称为主键（或主码）。如表 A 中的某属性集是某表 B 的键，则称该属性集为 A 的外键（或外码）。

关系是由若干个不同的元组组成的，因此关系可视为元组的集合。

（2）关系的操纵

关系模型的数据操纵即建立在关系上的数据操纵，一般有数据查询、增加、删除及修改 4 种操作。

（3）关系中的数据约束

关系模型允许定义 3 类数据约束，即实体完整性约束、参照完整性约束和用户定义完整性约束，其中前两种完整性约束由关系数据库系统自动支持。对于用户定义的完整性约束，则由关系数据库系统提供完整性约束语言，用户利用该语言写出约束条件，运行时由系统自动检查。

知识点 19 关系代数

1. 传统的集合运算

（1）关系并运算

若关系 R 和关系 S 具有相同的结构，则关系 R 和关系 S 的并运算记为 R∪S，表示由属于 R 的元组或属于 S 的元组组成。

（2）关系交运算

若关系 R 和关系 S 具有相同的结构，则关系 R 和关系 S 的交运算记为 R∩S，表示由既属于 R 又属于 S 的元组组成。

（3）关系差运算

若关系 R 和关系 S 具有相同的结构，则关系 R 和关系 S 的差运算记为 R-S，表示由属于 R 的元组且不属于 S 的元组组成。

（4）广义笛卡尔积

分别为 n 元和 m 元的两个关系 R 和 S 的广义笛卡尔积 R×S 是一个（$n×m$）元组的集合，其中的两个运算对象 R 和 S 的关系可以是同类型，也可以是不同类型。

2. 专门的关系运算

专门的关系运算有选择、投影、连接等。

（1）选择

从关系中找出满足给定条件的元组的操作称为选择，选择又称为限制。选择的条件以逻辑表达式给出，能使逻辑表达式为真的元组将被选取。在关系 R 中选择满足给定选择条件 F 的诸元组，记作：

$$σF(R)=\{t|t∈R∧F(t)='真'\}$$

其中，选择条件 F 是一个逻辑表达式，取逻辑值"真"或"假"。

（2）投影

从关系模式中指定若干属性组成新的关系称为投影。

关系 R 上的投影是指从关系 R 中选择出若干属性组成新的关系，记作：

$$ΠA(R)=\{t[A]|t∈R\}$$

其中，A 为 R 中的属性列。

（3）连接

1）连接也称为 θ 连接，是指从两个关系的笛卡尔积中选取满足条件的元组，记作：

$$R|×|=\{tr\ ts|tr\in R\wedge ts\in S\wedge tr[A]\theta ts[B]\}$$
$$A\theta B$$

其中，A 和 B 分别为 R 和 S 上度数相等且可比的属性组；θ 是比较运算符。

2）连接运算是指从广义笛卡尔积 R×S 中选取 R 关系在 A 属性组上的值与 S 关系在 B 属性组上的值满足关系 θ 的元组。连接运算中有两种重要且常用的连接：一种是等值连接；另一种是自然连接。

① θ 为"="的连接运算称为等值连接，是从关系 R 与关系 S 的广义笛卡尔积中选取 A、B 属性值相等的元组，可记作：

$$R|×|S=\{tr\ ts|tr\in R\wedge ts\in S\wedge tr[A]=ts[B]\}$$
$$A=B$$

② 自然连接是一种特殊的等值连接，它要求两个关系中进行比较的分量必须是相同的属性组，并且在结果中去掉重复的属性列，可记作：

$$R|×|S=\{tr\ ts|tr\in R\wedge ts\in S\wedge tr[B]=ts[B]\}$$

知识点 20　数据库设计与管理

数据库设计是数据库应用的核心。

1. 数据库设计概述

数据库设计的基本任务是根据用户对象的信息需求、处理需求和数据库的支持环境设计出数据模型。数据库设计的基本思想是过程迭代和逐步求精。数据库设计的根本目标是解决数据共享的问题。

在数据库设计中有两种方法。

1）面向数据的方法：以处理信息需求为主，兼顾处理需求。

2）面向过程的方法：以处理需求为主，兼顾信息需求。

其中，面向数据的方法是主流的设计方法。

目前数据库设计一般采用生命周期法，即将整个数据库应用系统的开发分解成目标独立的若干阶段，包括需求分析阶段、概念设计阶段、逻辑设计阶段、物理设计阶段、编码阶段、测试阶段、运行阶段和进一步修改阶段。

2. 数据库设计的需求分析

需求收集和分析是数据库设计的第一阶段，这一阶段收集到的基础数据和一组数据流图是下一步设计概念结构的基础。需求分析的主要工作有绘制数据流图、数据分析、功能分析，确定功能处理模块和数据之间的关系，建立数据字典。

需求分析和表达经常采用的方法有结构化分析方法和面向对象的方法。其中，结构化分析方法用自顶向下、逐层分解的方式分析系统。

数据流图表达了数据和处理过程的关系，数据字典是对系统中数据的详尽描述，是各类数据属性的清单。数据字典是各类数据描述的集合，通常包括 5 个部分：①数据项，即数据的最小单位；②数据结构，即若干数据项有意义的集合；③数据流，可以是数据项，也可以是数据结构，表示某一处理过程的输入和输出；④数据存储，即处理过程中存取的数据，常常是手工凭证、手工文档或计算机文件；⑤处理过程。

数据字典是在需求分析阶段建立的，在数据库设计过程中不断修改、充实、完善。

3. 数据库的概念设计

（1）数据库概念设计的目的和方法

1）数据库概念设计的目的是分析数据间内在的语义关联，在此基础上建立一个数据的抽象模型。

2）数据库概念设计的方法主要有两种：集中式模式设计法和视图集成设计法。

（2）数据库概念设计的过程

使用 E-R 模型与视图集成法进行设计时，需要按以下步骤进行：①选择局部应用；②视图设计；③视图集成。

第6章　计算机工具应用

本章主要介绍几款常用计算机工具的使用方法。

知识点1　Ghost 应用

Ghost 是 Symantec 公司推出的一款用于系统、数据备份与恢复的工具。从 Ghost 9 开始，该工具只能在 Windows 操作系统中运行，提供数据定时备份、自动恢复与系统备份恢复的功能。

1. Ghost 的主菜单介绍

启动 Ghost，单击【OK】按钮，即可看到 Ghost 的主菜单。

Ghost 主菜单主要有以下几个选项。

【Local】选项：本地操作，对本地计算机上的磁盘进行操作。

【Peer to peer】选项：通过点对点模式对网络计算机上的磁盘进行操作。

【GhostCast】选项：通过单播/多播或者广播方式对网络计算机上的磁盘进行操作。

2. 使用 Ghost 对分区进行操作

启动 Ghost 之后，选择【Local】→【Partition】命令对分区进行操作。

【To Partition】选项：将一个分区的内容复制到另外一个分区。

【To Image】选项：将一个或多个分区的内容复制到一个镜像文件中。一般备份系统均选择此操作。

【From Image】选项：将镜像文件恢复到分区中。当系统备份后，可选择此操作恢复系统。

（1）备份系统

选择【Local】→【Partition】→【To Image】命令，对分区进行备份。

备份分区的顺序：选择磁盘→选择分区→设定镜像文件的位置→选择压缩比例。备份分区的操作程序如图 6-1～图 6-5 所示。

在选择压缩比例时，为了节省空间，一般单击【High】按钮，但是压缩比例越大，压缩速度越慢。

（2）对分区进行恢复

选择【Local】→【Partition】→【From Image】命令，对分区进行恢复。

恢复分区的顺序：选择镜像文件→选择镜像文件中的分区→选择磁盘→选择目标分区→确认恢复。恢复分区的程序操作如图 6-6～图 6-10 所示。

图 6-1

图 6-2

图 6-3

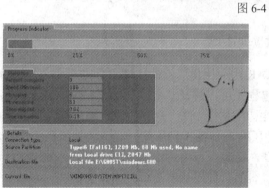

图 6-4

图 6-5

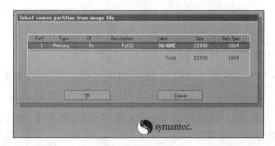

图 6-6

图 6-7

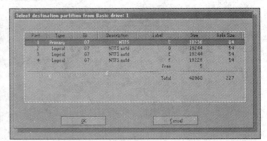

图 6-8   图 6-9

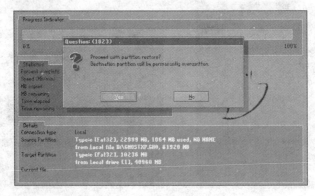

图 6-10

知识点 2　压缩软件 WinRAR

压缩软件 WinRAR 是应用最广泛的压缩工具之一，支持鼠标拖放及外壳扩展，完美支持 ZIP 档案，内置程序可以解开 CAB、ARJ、LZH、TAR、GZ、ACE、UUE、BZ2、JAR、ISO 等多种类型的压缩文件；具有估计压缩功能，用户可以在压缩文件之前得到用 ZIP 和 RAR 两种压缩工具各 3 种压缩方式下的大概压缩率；具有历史记录和收藏夹功能；压缩率相当高，资源占用相对较少，固定压缩、多媒体压缩和多卷自释放压缩是大多压缩工具所不具备的；使用非常简单方便，配置选项不多，仅在资源管理器中就可以完成用户想做的工作；对于 ZIP 和 RAR 的自释放档案文件（DOS 和 Windows 格式）均可，单击【属性】按钮就可以轻易知道此文件的压缩属性，如果有注释，还能在属性中查看其内容。

1. 快速压缩

方法 1，右击要压缩的文件，在弹出的快捷菜单中选择【添加到"××.rar"】命令，如图 6-11 所示。

方法 2，右击要压缩的文件，在弹出的快捷菜单中选择【添加到压缩文件】命令，在弹出的【压缩文件名和参数】对话框中对压缩文件名、压缩文件格式、压缩方式、字典大小等进行设置，设置完成后单击【确定】按钮，完成压缩，如图 6-12 所示。

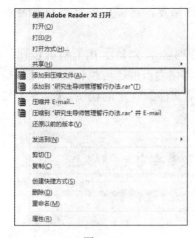

图 6-11　　　　　　　　　　　　　　　　　　　　　　图 6-12

2. 快速解压

右击压缩文件，在弹出的快捷菜单中选择【解压文件】命令，如图 6-13 所示。弹出【解压路径和选项】对话框，如图 6-14 所示。在【常规】选项卡中选择解压缩后文件存放的路径和名称，单击【确定】按钮完成操作。

图 6-13　　　　　　　　　　　　　　　　　　　　　　图 6-14

3. WinRAR 的主界面

对文件进行压缩和解压的操作，利用快捷菜单中的功能就能够完成，一般情况下不需要在 WinRAR 的主界面中进行操作。但是在 WinRAR 主界面中又有一些额外的功能，下面将对主界面中的按钮进行说明。

双击 WinRAR 图标弹出的主界面，如图 6-15 所示。

1）【添加】按钮：单击该按钮弹出如图 6-12 所示的【压缩文件名和参数】对话框。当选中一个具体的文件后，单击【查看】按钮即可显示文件中的内容。

2）【解压到】按钮：单击该按钮弹出如图 6-14 所示的【解压路径和选项】对话框。

3）【测试】按钮：单击该按钮对选中的文件进行测试，告诉用户是否有错误等测试结果。

4）【删除】按钮：单击该按钮即删除选中的文件。

5）【修复】按钮：单击该按钮对选中的文件进行修复，修复后的文件自动命名为 rebuilt.××.rar。

当在 WinRAR 的主界面中双击打开一个压缩包时，又会显示几个新的按钮，如图 6-16 所示。其中，【自解压格式】按钮将压缩文件转化为自解压可执行文件；【保护】按钮防止压缩包受到意外的损害；【注释】按钮对压缩文件做一定的说明；【信息】按钮显示压缩文件的一些信息。

图 6-15

图 6-16

4. WinRAR 的分卷压缩

WinRAR 的分卷压缩功能应用较多，在工作中经常要上传一些附件，但邮箱对上传附件的大小是有限制的，当要上传的附件大于上限时，就用到了分卷压缩。其操作步骤如下。

1）右击要分卷压缩的文件，在弹出的快捷菜单中选择【添加到压缩文件】命令。

2）在弹出的【压缩文件名和参数】对话框中选择【常规】选项卡，在【切分为分卷，大小】下拉列表中设置压缩分卷的大小，如图 6-17 所示。

3）单击【确定】按钮，开始分卷压缩，如图 6-18 所示。

图 6-17

图 6-18

4）分卷压缩完成后，将其保存到同一个文件夹里，双击扩展名中数字最小的压缩包即可解压。

5．压缩文件加密

右击要压缩的文件或文件夹，在弹出的快捷菜单中选择【添加到压缩文件】命令，在弹出的【压缩文件名和参数】对话框中单击【设置密码】按钮。在弹出的【输入密码】对话框中设置好密码，单击【确定】按钮，开始压缩，如图 6-19 所示。

知识点 3　360 安全卫士

360 安全卫士是北京奇虎科技有限公司推出的一款永久免费的杀毒防毒软件，具有电脑体检、木马查杀、系统修复、优化加速、保护账户等多种功能，同时还提供装机必备、清理使用痕迹以及人工服务等特定辅助功能。

图 6-19

1．电脑体检

全面诊断是 360 安全卫士提供的对系统进行全面详细检查的功能，通过扫描系统中的可疑位置，向用户提供详细的系统诊断结果信息。

1）选择【电脑体检】选项卡，单击【立即体检】按钮开始体检，直到扫描出系统中的问题项位置及相关信息，如图 6-20 所示。

2）在扫描结果详细列表中有问题的项目位居列表前，单击【一键修复】或【清理】按钮自动清理系统垃圾。

图 6-20

2. 木马查杀

木马查杀可以在联网情况下直接使用360云安全中心的病毒库等查杀出目前网络上流行的绝大部分木马。选择【木马查杀】选项卡，出现快速查杀、全盘查杀、按位置查杀3种方式。快速查杀可以扫描系统内存、开机启动项等关键位置，快速查杀木马；全盘查杀可以扫描全部磁盘文件，全面查杀木马及其文件残留；按位置查杀可以扫描用户指定的文件或文件夹，精准查杀木马。

第一次运行的时候，建议用户选择全盘查杀方式，全面检查系统中是否存在木马，耐心等待扫描完毕。扫描结果将显示在界面中，如图 6-21 所示，单击【查看详情】超链接，在弹出的对话框内显示可疑的类型、描述、说明和处理意见等信息；单击【信任此项】按钮，弹出信任对话框，可以勾选信息方式复选框，将文件改为可信任的内容；单击【立即处理】按钮清除选中的木马文件。

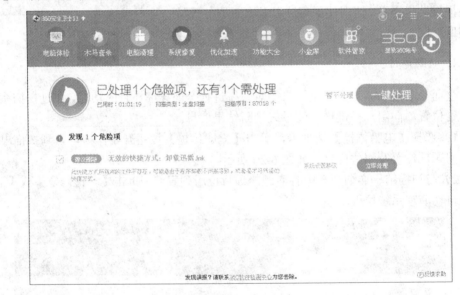

图 6-21

3. 电脑清理

电脑清理可以说是 360 安全卫士最大的特色，可以帮助用户自动清理计算机垃圾、恶意软件和插件及使用痕迹，减少内存占有量，加快计算机运行速度。

选择【电脑清理】选项卡，进入电脑清理界面，如图 6-22 所示，包括全面清理单项清理两种方式。全面清理可以一并清理电脑中的 Cookies、垃圾、痕迹和插件等，节省磁盘空间；单项清理可根据需要选择清理垃圾、清理插件、清理注册表、清理 Cookies、清理痕迹、清理软件等选项。需要注意的是，有些比较顽固的插件程序或木马文件在卸载或查杀之后需要重新启动计算机。

图 6-22

4. 系统修复

360 安全卫士提供的系统修复功能可以针对 Windows 系统进行漏洞扫描，检测出计算机系统中存在哪些漏洞，缺少哪些补丁，并给出漏洞的严重级别，提供相应补丁的下载和安装。选择【系统修复】选项卡，进入系统修复界面，如图 6-23 所示。系统修复分全面修复和单项修复两种方式，全面修复是对系统所有项进行检测修复；单项修复可以根据需要选择常规修复、漏洞修复、软件修复或驱动修复。

图 6-23

下面以漏洞修复功能为例说明使用方法。

1）选择【单项修复】中的【漏洞修复】选项，极短时间即可扫描出系统中的所有漏洞，如图 6-24 所示。

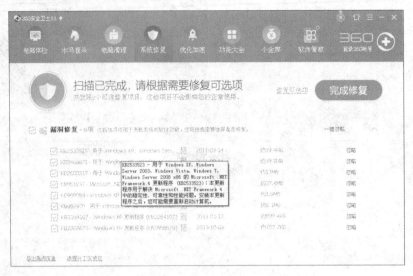

图 6-24

2）扫描的漏洞中将根据 Microsoft 公司发布漏洞补丁的时间排序，并且标明各种漏洞的发布日期及大小。

3）选择需要修复的选项，单击【修复可选项】超链接，即可开始下载选择的补丁，下载完毕后会自动开始安装。

5．优化加速

360 安全卫士的优化加速功能能够整理和关闭一些计算机不必要的启动项、内存配置、应用软件服务、系统服务等，以达到计算机干净整洁，运行速度提升的效果。选择【优化加速】选项卡进入优化加速界面，如图 6-25 所示。优化加速包括全面加速和单项加速两种方式，全面加速对整个系统的所有项进行加速；单项加速可以根据需要选择开机加速、系统加速、网络加速或硬盘加速。

图 6-25

知识点 4 CAJViewer

CAJViewer 又称为 CAJ 浏览器或 CAJ 阅读器，由同方知网（北京）技术有限公司开发，是用于阅读和编辑 CNKI 系列数据库文献的专用浏览器。CNKI 一直以市场需求为导向，每一版本的 CAJViewer 都是经过长期需求调查，在充分吸取市场上各种同类主流产品的优点之上研究设计而成的，目前常用的版本是 CAJViewer 7.2。经过几年的发展，其功能不断完善、性能不断提高，兼容 CNKI 格式和 PDF 格式文档，可不需下载直接在线阅读原文，也可以阅读下载后的 CNKI 系列文献全文，并因其打印效果与原版效果一致，逐渐成为人们查阅学术文献不可或缺的阅读工具。

1. 浏览文档

用户可以通过选择【文件】→【打开】命令来打开一个文档，开始浏览或者阅读该文档，这个文档必须是以 CAJ、PDF、KDH、NH、CAA、TEB、URL 为扩展名的文件类型。打开指定文档后将显示如图 6-26 所示的界面。

图 6-26

一般情况下，屏幕正中间最大的一块区域代表主页面，显示的是文档中的实际内容。如果打开的是 CAA 文件，此时可能显示空白，因为实际文件正在下载中。

用户可以通过鼠标、键盘直接控制主页面，也可以通过菜单或者单击页面窗口/目录窗口来浏览页面的不同区域，还可以通过菜单项或者单击工具栏来改变页面布局或者显示比率。

当光标显示为手的形状时，可以随意拖动页面，也可以单击打开链接。选择【查看】→【全屏】命令时，主页面将全屏显示。用户可以打开多个文件同时浏览。

2．下载信息

选择【查看】→【下载信息】命令，弹出【当前下载队列】对话框，如图 6-27 所示。

扩展名为 CAA 的文件里面保存的是中国学术期刊网上特定图书的 HTTP 链接，打开 CAA 文件后将立即下载该图书。为了控制下载进程，CAJViewer 提供了如图 6-27 所示的对话框，对话框的中间列表框里列出了正在下载的图书的状态、文件名、文件大小、已经下载完成的比率和下载速率等。

对每一个正在下载的文件，可以停止，也可以重新开始下载，窗口上有相应名称的按钮可以操作。

打开 CAA 文档后，主页面显示的是正在下载的文件内容，已经下载完成的部分能正常显示，没有下载完成的页面将显示"正在下载中……"。

已经全部下载完成的 CAA 文件尽量不要重复打开，以节省网络资源。

3．文字识别

选择【工具】→【文字识别】命令，当前页面上的指针变成文字识别的形状，按住鼠标左键并拖动指针，可以选择页面上的一块区域进行识别，识别结果将在【文字识别结果】对话框中显示，并且允许做进一步的修改操作，如图 6-28 所示。

图 6-27

图 6-28

单击【复制到剪贴板】按钮，编辑后的所有文本都将被复制到 Windows 系统的剪贴板上；单击【发送到 WPS/Word】按钮，编辑后的所有文本都将被发送到 Microsoft Office 的 Word 文档或 WPS 文档中，如果 Word/WPS 没有在运行，将先使之运行。

该功能使用了清华文通的文字识别（OCR）技术，安装该软件包才能使用本功能。

4．全文编辑

全文编辑分为文本摘录和图像摘录，摘录结果可以方便地粘贴到 WPS、Word 等编辑器中进行编辑。

1）文本摘录只能用于非扫描页。其具体操作如下。

单击工具栏中【选择文本】按钮，按住鼠标左键拖动指针，选择相应文字，使其呈反色显示。也可右击，在弹出的快捷菜单中选择【复制】命令或单击工具栏中【复制】

按钮，如图 6-29 所示。在 CAJViewer 中，提供了列式选中文本，如图 6-30 所示。右击选中的内容，在弹出的快捷菜单中选择【复制】命令，将所选文本复制到剪贴板中。

图 6-29

图 6-30

打开 Windows 写字板或 Word 等编辑软件进行粘贴，即可得到摘录的文本，同时也可以编辑存盘。

2）图像摘录可以复制原文中的图像，适用于扫描页和非扫描页。其具体操作如下。

单击工具栏中【选择图像】按钮，鼠标指针变为十字形状，按住左键拖动指针至选中位置划出一片区域；选择【编辑】→【复制】命令或右击，在弹出的快捷菜单中选择【复制】命令，图像即被复制到剪贴板，可粘贴到 Word、WPS 等 Windows 环境下的编辑器中进行编辑。

知识点 5　看图软件 ACDSee 15.0

ACDSee 15.0 是一款集图片管理、浏览、简单编辑于一身的图像管理软件。对于个人用户来说，该软件能够胜任日常管理、浏览数码照片的任务，同时还能对一些拍摄效果不理想的数码照片进行简单的编辑。

1. 数码照片的导入

数码照片拍摄完成后需要导入计算机中才能浏览，ACDSee 15.0 提供了完善的导入照片服务。将数码设备正确连接到计算机，并确认数码设备已经打开，运行 ACDSee 15.0，在其主界面左侧可见【文件夹】窗格，单击相应的数码照相机内存卡标志，即可预览数码照相机中的所有照片，如图 6-31 所示。

选择【批量】→【重命名】命令，可以选择使用模板重命名导入的文件名，如图 6-32 所示。这样导入的文件就按模板的方式进行重命名，为以后管理数码照片提供了方便。

2. 浏览数码照片

把数码照片导入计算机后，就可以使用 ACDsee 15.0 对其进行浏览。双击照片，即可使用 ACDSee 15.0 的查看功能打开照片，如图 6-33 所示。这里提供了浏览、翻转、放大/缩小及删除等基本功能。

图 6-31

图 6-32

图 6-33

在快速查看模式中，窗格右上角提供了管理、查看、编辑、Online 4 种模式，单击【管理】按钮，可切换到图片管理模式，如图 6-31 所示。单击【编辑】按钮，可切换到图片编辑模式，可对照片进行颜色、形态、曝光等方面修改，如图 6-34 所示。

在图片管理模式中提供了 ACDSee 15.0 浏览照片的所有功能，用户可以通过左侧的【文件夹】窗格同时选择多个文件夹，使文件夹内的照片同时在浏览区域显示，如图 6-35 所示，这样就避免了切换目录的麻烦。

3．管理数码照片

ACDSee 15.0 提供了强大的数码照片管理功能，可以使用户方便、快速地找到自己需要的数码照片。

（1）按日历事件定位照片

ACDSee 15.0 提供了日历事件视图，选择主窗口上的【视图】→【日历】命令，打开【日历】窗格。日历事件提供了多种视图查看模式，可以按事件、年份、月份及日期查看，如图 6-36 所示是按事件查看视图。ACDSee 15.0 以每次导入图片为一个事件，可以直接拖动图片为事件设置缩略图，还可以为事件添加事件描述，这样就可以通过事件视图快速定位某次的导入图片了。另外通过年份、月份或日期视图，可以快速定位到某个时间导入的照片，这样就可以通过时间来快速定位自己需要查看的照片。

（2）按照片属性准确定位照片

用户可以为拍摄的数码照片添加属性，为其设置标题、日期、作者、评级、备注、关键词及类别等，如图 6-37 所示。

图 6-34

图 6-35

图 6-36

图 6-37

依据这些设置选项，就可以通过浏览区域顶部的过滤方式、组合方式或排序方式来进行准确定位。此时，会按照每张数码照片的属性进行排列，通过这种方式可以快速且准确地定位到自己需要的数码照片，如图 6-38 所示。

另外也可以通过顶部的快速搜索功能进行快速定位，只要在【搜索】文本框中输入要搜索的关键词，按【Enter】键即可。利用快速搜索功能同样可以快速定位到自己需要的数码照片。

图 6-38

（3）照片收藏夹

ACDSee 15.0 还提供了强大的收藏夹功能，用户可以把自己喜欢的数码照片添加到收藏夹中，也可以把数码照片直接拖动到收藏夹内，如图 6-39 所示。

只需要单击收藏夹中相应的文件夹，就可以在浏览区域快速查看该收藏夹中的照片。

（4）隐私文件夹

如果拍摄的数码照片不想被其他人看到，只供自己浏览，为了保护这些数码照片的安全，用户可以创建隐私文件夹，把这些数码照片添加到隐私文件夹中，并为其设置密码，只有在输入密码后才能打开该隐私文件夹，如图 6-40 所示。

图 6-39

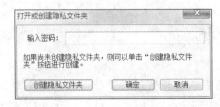

图 6-40

4. 数码照片的简单编辑

在拍摄数码照片的时候，总会有一些照片拍摄的效果不尽如人意，这时就需要使用计算机软件对其进行处理编辑。看图软件 ACDSee 本身带有简单的图像编辑功能，可以对图片进行简单的处理，如曝光、阴影/高光、色彩、红眼消除、相片修复、清晰度等，操作非常简单，只要打开看图软件 ACDSee 15.0 的编辑模式，选择编辑功能，即可在新窗口中对照片进行编辑，只要拖动左侧窗格的滑块，即可完成对图像的编辑操作。

这里以曝光为例，介绍看图软件 ACDSee 15.0 的编辑功能。打开曝光的编辑窗口，在左侧窗格分别拖动【曝光】【对比度】【填充光线】滑块，就可以在右侧的预览窗格看到对应的变化，如图 6-41 所示。如果对当前编辑的效果不满意，只要单击【取消】按钮，即可自动恢复到照片编辑前的状态。

图 6-41

5. 数码照片的保存与共享

数码照片保存在某台计算机上，只能使用这台计算机才可以欣赏，如果想与其他人共享拍摄的数码照片，可以把这些数码照片打印出来，或制作成幻灯片，或刻录成 CD 或 DVD。

（1）打印数码照片

虽然 Windows 提供的打印功能，可以把数码照片打印出来，但是只能在一张纸上打印一张数码照片，这样既浪费纸张，也不美观。看图软件 ACDSee 提供了多种形式的打印布局，允许用户在一张纸上按多种形式进行打印，使打印结果更满足用户的需要。

选择要打印的数码照片，打开看图软件 ACDSee 15.0 的【打印】对话框，在这里可以选择打印布局，如整页、联系页或布局等，接着在下面选择布局的样式，这时可以在中间的预览窗格实时看到最终的打印结果预览图。同时在右侧窗格设置好打印机、纸张大小、方向、打印份数、分辨率及滤镜等，设置完成后单击【打印】按钮，即可按设置打印输出，如图 6-42 所示。

图 6-42

（2）创建幻灯片

选择【创建】→【幻灯放映文件】命令，在弹出的【创建幻灯放映向导】对话框中选择要创建的文件格式，其中包括独立放映的 EXE 格式文件、屏幕保护的 SCR 格式文件及 Flash 格式文件；然后添加要制作幻灯片的数码照片，设置好幻灯片的转场、标题及音频等，如图 6-43 所示；接着对幻灯片选项进行设置，最后设置好保存幻灯片的位置，即可完成幻灯片的创建。

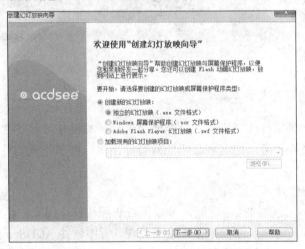

图 6-43

（3）刻录 CD 或 DVD

选择【创建】→【CD 或 DVD】命令，在弹出的【刻录筐】窗格中添加要刻录的数码照片，然后设置好数码照片的转场及播放的背影音乐/音频，最后设置好创建文件的保存位置，单击【刻录】按钮，就可以制作出一个非常精美的 VCD 视频了，如图 6-44 所示。

图 6-44

另外，还可以把数码照片制作成 HTML 相册、PDF 文件及文件联系表等，与其他人一起来分享。

第 3 部分

综 合 应 用

第7章　综合习题

计算机综合应用习题（1）

1. 下列叙述正确的是（　　）。
   A. 节点中具有两个指针域的链表一定是二叉链表
   B. 节点中具有两个指针域的链表可以是线性结构，也可以是非线性结构
   C. 二叉树只能采用链式存储结构
   D. 循环链表是非线性结构

2. 某二叉树的前序序列为 ABCD，中序序列为 DCBA，则后序序列为（　　）。
   A. BADC　　　　　B. DCBA　　　　　C. CDAB　　　　　D. ABCD

3. 下面不能作为软件设计工具的是（　　）。
   A. PAD 图　　　　　　　　　　B. 程序流程图
   C. 数据流程图（DFD 图）　　　D. 总体结构图

4. 逻辑模型是面向数据系统的模型，下面属于逻辑模型的是（　　）。
   A. 关系模型　　　　　　　　　B. 谓词模型
   C. 物理模型　　　　　　　　　D. 实体-联系模型

5. 运动会中一个运动项目有多名运动员参加，一个运动员可以参加多个项目。则实体项目和运动员之间的联系是（　　）。
   A. 多对多　　　　B. 一对多　　　　C. 多对一　　　　D. 一对一

6. 堆排序最坏情况下的时间复杂度为（　　）。
   A. $O(n^{1.5})$　　　　B. $O(n\log_2 n)$　　　　C. $O\dfrac{n(n-1)}{2}$　　　　D. $O(\log_2 n)$

7. 某二叉树中有 15 个度为 1 的节点，16 个度为 2 的节点，则该二叉树总的节点数为（　　）。
   A. 32　　　　　　B. 46　　　　　　C. 48　　　　　　D. 49

8. 下面对软件特点描述错误的是（　　）。
   A. 软件没有明显的制作过程
   B. 软件是一种逻辑实体，不是物理实体，具有抽象性
   C. 软件的开发、运行对计算机系统具有依赖性
   D. 软件在使用中存在磨损、老化问题

9. 某系统结构图如下图所示，该系统结构图中最大扇入是（　　）。
   A. 0　　　　　　　B. 1　　　　　　　C. 2　　　　　　　D. 3

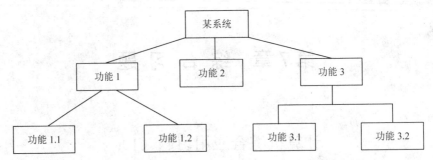

10. 设有表示公司、员工及雇佣的三张表，员工可在多家公司兼职，其中公司表 C（公司号、公司名、地址、注册资本、法人代表、员工数），员工表 S（员工号、姓名、性别、年龄、学历），雇佣表 E（公司号、员工号、工资、工作起始时间）。其中表 C 的键为员工号，则表 E 的键（码）为（   ）。

    A. 公司号、员工号   B. 员工号、工资

    C. 员工号   D. 公司号、员工号、工资

11. 假设某台计算机的硬盘容量为 20GB，内存储的容量为 128MB，那么硬盘容量是内存容量的（   ）倍。

    A. 200   B. 120   C. 160   D. 100

12. 下列关于 ASCII 编码的叙述中，正确的是（   ）。

    A. 标准的 ASCII 表有 256 个不同的字符编码

    B. 一个字符的标准 ASCII 码占一个字符，其最高二进制位总是 1

    C. 所有大写英文字母的 ASCII 值都大于小写英文字母 a 的 ASCII 值

    D. 所有大写英文字母的 ASCII 值都小于小写英文字母 a 的 ASCII 值

13. 下列各设备中，全部属于计算机输出设备的一组是（   ）。

    A. 显示器，键盘，喷墨打印机   B. 显示器，绘图仪，打印机

    C. 鼠标，扫描仪，键盘   D. 键盘，鼠标，激光打印机

14. 下列 4 种软件中，属于应用软件的是（   ）。

    A. 财务管理系统   B. DOS

    C. Windows 2010   D. Windows 2007

15. 下列关于计算机病毒的叙述中，正确的是（   ）。

    A. 计算机病毒只感染.exe 或.com 文件

    B. 计算机病毒可以通过读写软件、光盘或互联网进行传播

    C. 计算机病毒是通过电力网传播的

    D. 计算机病毒是由于软件表面不清洁而造成的

16. 下列都属于计算机低级语言的是（   ）。

    A. 计算机语言和高级语言   B. 计算机语言和汇编语言

    C. 汇编语言和高级语言   D. 高级语言和数据库语言

17. 计算机网络是一个（   ）。

    A. 在协议控制下的多机系统 B. 网上购物系统

    C. 编译系统   D. 管理信息系统

18. 在微型计算机的内存储器中，不能随机修改存储内容的是（　　）。

    A. RAM   B. DRAM   C. ROM   D. SRAM

19. 以下 IP 地址正确的是（　　）。

    A. 202.112.111.1   B. 202.202.5

    C. 202.258.14.12   D. 202.3.3.256

20. IE 浏览器收藏夹的作用是（　　）。

    A. 搜集感兴趣的页面地址   B. 记忆感兴趣的页面内容

    C. 收集感兴趣的文件内容   D. 收集感兴趣的文件名

参考答案及解析

1. B【解析】具有两个指针域的链表可能是双向链表，故 A 选项错误。双向链表是线性结构，二叉树为非线性结构，二者节点中均有两个指针域，故 B 选项正确。二叉树通常采用链式存储结构，也可采用其他结构，故 C 选项错误。循环链表是线性结构，故 D 选项错误。

2. B【解析】二叉树遍历可以分为 3 种：前序遍历（访问根节点在访问左子树和访问右子树之前）、中序遍历（访问根节点在访问左子树和访问右子树之间）、后序遍历（访问根节点在访问左子树和访问右子树之后）。根据中序序列 DCBA 知 DCB 是 A 的左子树；根据前序序列知 B 是 CD 的根节点；根据中序序列知 DC 是 B 的左子树；根据前序序列知 C 是 D 的根节点，故后序序列为 DCBA，故 B 选项正确。

3. C【解析】软件设计常用的工具包括：①图形工具：程序流程图、N-S 图、PAD 图、HIPO；②表格工具：判定表；③语言工具：PDL（伪码）。另外，在结构化设计方法中，常用的结构设计工具是结构图，故选择 C 选项。

4. A【解析】逻辑数据模型也称数据模型，是面向数据库系统的模型，着重于在数据库系统一级的实现。成熟并大量使用的数据模型有层次模型、网状模型、关系模型和面向对象模型等，故 A 选项正确。

5. A【解析】一般来说，实体集之间必须通过联系来建立联系关系，分为 3 类：一对一联系（1:1）、一对多联系（1:m）、多对多联系（m:n）。一个运动项目有很多运动员参加，而一个运动员可以参加多项运动项目，故实体项目和运动员之间的联系是多对多，故 A 选项正确。

6. B【解析】堆排序属于选择类的排序方法，最慢情况的时间复杂度是 $O(n\log_2 n)$，故 B 选项正确。

7. C【解析】在树结构中，一个节点所拥有的后件个数称为该节点的度，所有节点最大的度称为树的度。对任何一颗二叉树，度为 0 的节点（即叶子节点）总是比度为 2 的节点多一个。由 16 个度为 2 的节点可知叶子节点个数为 17，则节点总数为 16+17+15=48，故 C 选项正确。

8. D【解析】软件具有以下特点：软件是一种逻辑实体，具有抽象性；软件没有明显的制作过程；软件在使用期间不存在磨损、老化问题；软件对硬件和环境具有依赖性；软件复杂性高，成本昂贵；软件开发涉及诸多的社会因素，故 D 选项正确。

9. C【解析】扇入指的是调用一个给定模块的模块个数。题干中，第 2 层模块扇入均为 1，第 3 层功能模块 3.1 扇入为 2，其余为 1，故最大扇入为 2，故 C 选项正确。

10. A【解析】二维表中的行称为元祖，候选键（码）是二维表中能唯一标识元祖的最小属性集。若一个二维表中有多个候选码，则选定一个作为主键（码）供用户使用。公司号唯一标识公司，员工号唯一标识员工，而雇佣需要公司号和员工号同时唯一标识，故表 E 的键（码）为（公司号、员工号），故 A 选项正确。

11. C【解析】根据换算公式 1GB=1024MB，故 20GB=20×1024MB/128MB=160。

12. D【解析】标准 ASCII 码也叫基础 ASCII 码，使用 7 位二进制数来表示所有的大写和小写字母、数字 0～9、标点符号以及在美式英语中使用的特殊控制字符。其中，0～31 及 127（共 33）是控制字符或通信专用字符（其余为可显示字符），如控制符 LF（换行）、CB（回车）、FF（换页）等；通信专用字符 SOH（文头）、EOT（文尾）、ACK（确认）等；ASCII 值为 8、9、10 和 13 的分别转换为退格、制表、换行和回车字符。它们并没有特定的图形显示，但会根据不同的应用程序，对文本显示有不同的影响。32～126（共 95 个)是字符（32 是空格），其中 48～57 为 0～9 十个阿拉伯数字，65～90 为 26 个大写英文字母，97～122 为 26 个小写英文字母，其余为一些标点符号、运算符号等。

13. B【解析】输出设备是计算机的终端设备，用于接收计算机数据的输出显示、打印、声音、控制外围设备操作等。常见的输出设备有显示器、打印机、绘图仪、影像输出系统、语音输出系统、磁记录设备等。

14. A【解析】现代财务管理系统属于系统软件而不是应用软件。

15. B【解析】计算机病毒传染途径众多，可以通过读写软件、光盘或 Internet 进行传播，故 B 选项正确。

16. B【解析】低级语言一般指的是计算机语言。而汇编语言是面向计算机的，处于整个计算机语言层次结构的底层，故也可被视为一种低级语言，通常是为特定的计算机或系列计算机专门设计的语言，故 B 选项正确。

17. A【解析】计算机网络是将地理位置不同、具有独立功能的多台计算机及其外部设备，通过通信线路连接起来，在网络操作系统、网络管理软件及网络通信协议的管理和协调下，实现资源共享和信息传递的计算机系统，即在协议控制下的多机互联系统。故 A 选项正确。

18. C【解析】ROM，即只读存储器是一种只能读出数据的固态半导体存储器。其特性是一旦资料储存就无法再将之改变或删除。通常用在不需经常变更资料的电子或电脑系统中，并且资料不会因为电源关闭而消失。

19. A【解析】IP 地址主要分为 5 类。A 类地址范围：1.0.0.1～126.255.255.254；B 类地址范围：128.0.0.1～191.255.255.254；C 类地址范围：192.0.0.1～223.255.255.254；D 类地址范围：224.0.0.1～239.255.255.254；E 类地址范围：240.0.0.1～255.255.255.254。由此可见，所列选项中正确的 IP 地址应为 A 选项。

20. A【解析】IE 浏览器收藏夹的主要作用是方便用户搜集感兴趣或者需要经常浏览的页面的网页地址，故 A 选项正确。

计算机综合应用习题（2）

1. 下列叙述中正确的是（   ）。

   A. 有两个指针域的链表一定是二叉树的存储结构

   B. 循环列队是队列的一种存储结构

   C. 二分查找适用于任何存储方式的有序表

   D. 所有二叉树均不适合采用顺序存储结构

2. 设数据集合为 D={1,2,3,4,5,6}。下列数据结构 B=（D,R）中为线性结构的是（   ）。

   A. R={(1,2)，(2,3)，(4,3)，(4,5)，(5,6)}

   B. R={(1,2)，(2,3)，(3,4)，(4,5)，(6,5)}

   C. R={(5,4)，(3,4)，(3,2)，(4,3)，(5,6)}

   D. R={(1,2)，(2,3)，(6,5)，(3,6)，(5,4)}

3. 设栈的顺序储存空间为 S(1:m)，初始状态为 top=m+1，则栈中的数据元素个数为（   ）。

   A. top-m+1   B. m-top +1   C. m-top   D. top-m

4. 某二叉树的后序遍历序列与中序遍历序列相同，均为 ABCDEF，则前序遍历序列为（   ）。

   A. DEFCBA   B. CBAFED   C. FEDCBA   D. ABCDEF

5. 下面属于系统软件的是（   ）。

   A. 财务管理系统   B. 数据库管理系统

   C. 编辑软件 Word   D. 杀毒软件

6. 下面不属于软件开发阶段任务的是（   ）。

   A. 需求分析   B. 测试   C. 详细设计   D. 系统维护

7. 某系统结构图如下图所示，该系统结构图的最大扇出数是（   ）。

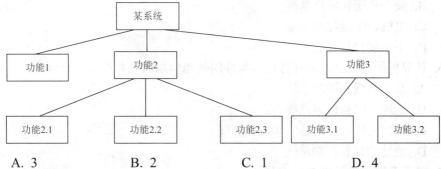

   A. 3   B. 2   C. 1   D. 4

8. 数据模型的 3 个要素是（   ）。

   A. 数据增加、数据修改、数据查询

   B. 实体完整性、参照完整性、用户自定义完整性

  C. 数据结构、数据操作、数据约束

  D. 外模式、概念模式、内模式

9. 在学校里，教师可以讲授不同的课程，同一课程也可以由不同教师讲授，则实体教师与实体课程间的联系是（   ）。

  A. 一对一   B. 多对一   C. 一对多   D. 多对多

10. 设有表示学生选课的关系学生表 S、课程表 C 和选课成绩表 SC：S（学号、姓名、年龄、性别、籍贯），C（课程号、课程名、教师、办公室），SC（学号、课程号、成绩），则检索籍贯为上海的学生姓名、学号和学修的课程号的表达式是（   ）。

  A. σ 籍贯= '上海'(S∆∆SC)

  B. π 姓名,学号,课程号(σ 籍贯= '上海'(S∆∆SC))

  C. π 姓名,学号,课程号(σ 籍贯= '上海'(S))

  D. π 姓名,学号(σ 籍贯= '上海'(S))∆∆SC

11. 在冯·诺依曼型体系结构的计算机中引进了两个重要概念，一个是二进制，另一个是（   ）。

  A. 内存储器 B. 存储程序 C. 计算机语言 D. ASCII 编码

12. 计算机染上病毒后可能出现的现象是（   ）。

  A. 系统出现异常启动或经常"死机"

  B. 程序或数据突然丢失

  C. 磁盘空间突然变小

  D. 以上都是

13. 用来表示 CPU 内核工作时钟频率的性能指标是（   ）。

  A. 外频   B. 主频   C. 位   D. 字长

14. 计算机中所有信息的存储都采用（   ）。

  A. 二进制   B. 八进制   C. 十进制   D. 十六进制

15. 一个完整的计算机系统应当包括（   ）。

  A. 计算机与外设

  B. 硬件系统和软件系统

  C. 主机、键盘与显示器

  D. 系统硬件与系统软件

16. 计算机的系统总线是计算机各部件间传递信息的公共通道，它分为（   ）。

  A. 数据总线和控制总线

  B. 地址总线和数据总线

  C. 数据总线、控制总线和地址总线

  D. 地址总线和控制总线

17. 能保存网页地址的文件夹是（   ）。

  A. 收件箱   B. 公文包   C. 我的文档   D. 收藏夹

参考答案及解析

1. B【解析】双向链表节点有两个指针域，指向前一个节点的指针和指向后一个节点的指针，属于线性结构，不是二叉树的储存结构，故 A 选项错误。二分法查找的线性表必须满足两个条件：用顺序存储结构；线性表是有序表，故 C 项选择错误。二叉树通常采用链式存储结构，对于满二叉树与完全二叉树可以按层次进行顺序存储，故 D 选项错误。循环队列是队列的一种顺序存储结构，故 B 选项正确。

2. D【解析】一个非空的数据结构如果满足以下两个条件：有且只有一个根节点；每一个节点最多有一个前件，且最多有一个后件，称为线性结构。A 选项中，节点有两个前件 2 和 4，而节点 4 有两个后件 3 和 5，为非线性结构。B 选项中，节点 5 有两个前件 4 和 6，为非线性结构。C 选项中，多个节点拥有不止一个前件和后件，而且结构中有环，为非线性结构。D 选项满足线性结构的两个条件，故 D 选项正确。

3. B【解析】栈是一种特殊的线性表，它所有的插入与删除都限定在栈的同一端进行。入栈运算即在栈顶位插入一个新元素，退栈运算即取出栈顶元素赋予指定变量。入栈和退栈运算后，指针始终指向栈顶元素。初始状态为 top=m+1，栈的储存空间为 1：m，则入栈方向为 top 递减的方向，数据元素存储在 top+1：m+1 之中，故栈中的数据元素为 m+1-（top+1）=m-top+1，故 B 选项正确。

4. C【解析】后续序列与中序序列相同均为 ABCDEF，可知 F 为根节点，ABCDE 均为左子树节点，E 为父节点，ABCD 均为其左子树节点，以此类推可知二叉树每一层均只有一个节点，且每个节点只有左子树，则前序序列为 FEDCBA，故 C 选项正确。

5. B【解析】计算机软件按功能分为应用软件、系统软件、支撑软件（或工具软件）。系统软件是管理计算机的资源提高计算机的使用效率，为用户提供各种服务的软件。应用软件是为了应用于特定领域而开发的软件。支撑软件是介于系统软件和应用件之间，协助用户开发的工具型软件，包括帮助程序人员开发和维护软件产品的工具软件，帮助管理人员控制开发进程和项目管理的工具软件。数据库管理系统属于系统软件，ACD 选项均为应用软件，故 B 选项正确。

6. D【解析】软件生命周期的 3 个时期为软件定义期、软件开发期和运行维护期。软件开发期分为 4 个阶段：概要设计（包括需求分析）、详细设计、实现和测试。系统维护属于运行维护期的任务，故 D 选项正确。

7. A【解析】题干中系统功能模块 2 的扇出为 3，这是此体系扇出的最大模块。故该系统结构图最大扇出数为 3，故 A 选项正确。

8. C【解析】数据模型从抽象层次上描述了数据库系统的静态特征、动态行为和约束条件，因此数据模型通常由数据结构、数据操作及数据约束 3 部分组成，故 C 选项正确。

9. D【解析】实体集之间通过联系建立的联系关系分为 3 类：一对一联系（1：1），一对多联系（1：m），多对多联系（m：n）。一名教师可以讲授多门课程，同一课程也可以由不同教师讲授，故实体教师和实体课程之间的联系是多对多，故 C 选项正确。

10. B【解析】π 表示投影运算，针对属性；δ 表示选择运算，针对元组。题目中要求检索的结果是将符合元组条件的属性组输出，故表达式形式：π 姓名,学号,课程号(δ 籍贯='上海'(T))，T 为关系学生与关系选课以属性学号相同进行自然连接的结果。在关系 T（姓名、学号、性别、籍贯、课程号、成绩）中选择籍贯为上海的元组，之后再在其中选择（属性、姓名、学号、课程号）输出，故 B 选项正确。

11. B【解析】冯·诺依曼的 EDVAC 可以说是第一台现代意义的通用计算机，它由 5 个基本部分组成，运算器 CA、控制器 CC、存储器 M、输入装置 I 以及输出装置 O。这种基本工作原理采用存储程序和程序控制的体系结构一直延续至今，故 B 选项正确。

12. D【解析】计算机染上病毒后，会出现程序或数据突然丢失、磁盘空间突然变小以及系统出现异常或经常"死机"等现象，故 D 选项正确。

13. B【解析】时钟频率是提供电脑定时信号的一个源，这个源可以产生不同频率的基准信号，是用来同步 CPU 性能的重要指标，通常简称为频率。CPU 的主频，即其核心的工作频率（核心时钟频率），它是评定 CPU 性能的重要指标，故 B 选项正确。

14. A【解析】计算机中所有的信息都采用二进制来进行存储，故 A 选项正确。

15. B【解析】计算机系统由计算机硬件系统和软件系统两部分组成。硬件包括中央处理器、存储器和外部设备等，软件是计算机的运行程序和相应的文档，故 B 选项正确。

16. C【解析】系统总线上传送的信息包括数据信息、地址信息和控制信息，因此，系统总线包含有 3 种不同功能的总线，即数据总线 DB、地址总线和控制总线 CB，故 C 选项正确。

17. D【解析】收藏夹可以保存网页地址，故 D 选项正确。

计算机综合应用习题（3）

1. 面向对象方法中，实现对象的数据和操作结合于同一体的是（　　）。

　　A. 结合　　　　　B. 封装　　　　　C. 隐藏　　　　　D. 抽象

2. 在进行逻辑设计时，将 E-R 图中实体之间的联系转换为关系数据库的（　　）。

　　A. 关系　　　　　B. 元组　　　　　C. 属性　　　　　D. 属性的值域

3. 线性表的链式存储结构与顺序存储结构相比，链式存储结构的优点是（　　）。

　　A. 节省存储空间　　　　　　　　B. 插入与删除运算效率高

　　C. 便于查找　　　　　　　　　　D. 排序时减少元素的比较次数

4. 深度为 7 的完全二叉树中共有 125 个结点，则该完全二叉树中的叶子结点数为（　　）。

　　A. 62　　　　　B. 63　　　　　C. 64　　　　　D. 65

5. 下列叙述中正确的是（　　）。

　　A. 所谓有序表是指在顺序存储空间内连续存放的元素序列

　　B. 有序表只能顺序存储在连续的存储空间内

　　C. 有序表可以用链接存储方式存储在不连续的存储空间内

　　D. 任何存储方式的有序表均能采用二分法进行查找

6. 二叉树如下图所示，则后序遍历为（　　）。

　　A. ABDEGCFH　　　　　　　　B. DBGEAFHC

　　C. DGEBHFCA　　　　　　　　D. ABCDEFGH

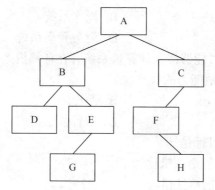

7. 计算机软件包括（ ）。

    A. 算法和数据   B. 程序和数据

    C. 程序和文档   D. 程序、数据及相关文档

8. 下面描述中不属于软件需求分析阶段任务的是（ ）。

    A. 撰写软件需求规格说明书   B. 软件的总体结构设计

    C. 软件的需求分析   D. 软件的需求评审

9. 当数据库中数据总体逻辑结构发生变化，而应用程序不受影响，称为数据的（ ）。

    A. 逻辑独立性   B. 物理独立性   C. 应用独立性   D. 空间独立性

10. 有 3 个关系 R、S 和 T 如下：

R		
A	B	C
a	1	2
b	2	1
c	3	1
e	4	2

S		
A	B	C
d	3	2
c	3	1

T		
A	B	C
a	1	2
b	2	1
c	3	1
d	3	2
e	4	2

则由关系 R 和关系 S 得到关系 T 的操作是（ ）。

    A. 并   B. 投影   C. 交   D. 选择

11. 汉字的国标码与其内码存在的关系是：汉字的内码=汉字的国标码+（ ）。

    A. 1010H   B. 8081H   C. 8080H   D. 8180H

12. 字长作为 CPU 的主要性能指标之一，主要表现在（ ）。

    A. CPU 计算结果的有效数字长度

    B. CPU 一次能处理的二进制数据的位数

    C. CPU 最长的十进制整数的位数

    D. CPU 最大的有效数字位数

13. 计算机软件分为系统软件和应用软件两大类，其中系统软件的核心是（ ）。

  A. 数据库管理系统   B. 操作系统

  C. 程序语言系统   D. 财务管理系统

 14. 计算机病毒是指"能够侵入计算机系统并在计算机系统中潜伏、传播、破坏系统正常工作的一种具有繁殖能力的（ ）"。

  A. 特殊程序   B. 源程序

  C. 特殊微生物   D. 流行性感冒病毒

 15. 编译程序的最终目标是（ ）。

  A. 发现源程序中的语法错误

  B. 改正源程序中的语法错误

  C. 将源程序编译成目标程序

  D. 将某高级语言程序翻译成其他高级语言程序

 16. 以下不属于计算机网络主要功能的是（ ）。

  A. 专家系统   B. 数据通信

  C. 分布式信息处理   D. 资源共享

参考答案及解析

 1. B【解析】对象的基本特点是：标识唯一性、分类性、多态性、封装性、模块独立性好。封装是指隐藏对象的属性和实现细节，将数据和操作结合于同一体，仅对外提供访问方式。故 B 选项正确。

 2. A【解析】E-R 图中实体之间的联系转换为关系数据库中的关系，故 A 选项正确。

 3. B【解析】顺序表和链表的优缺点比较如下表：

类型	优点	缺点
顺序表	1）可以随机存取表中的任意节点 2）无须为表示节点间的逻辑关系额外增加存储空间	1）顺序表的插入和删除运算效率很低 2）顺序表的存储空间不便于扩充 3）顺序表不便于对存储空间进行动态分配
链表	1）在进行插入和删除运算时，只需要改变指针即可，不需要移动元素 2）链表的存储空间易于扩充并且方便空间的动态分配	需要额外的指针域来表示数据元素之间的逻辑关系，存储密度比顺序表低

 由表中可以看出链式存储结构插入与删除运算效率高，故 B 选项正确。

 4. B【解析】在树结构中，定义一棵树的根节点所在的层次为 1，其他节点所在的层次等于它的父节点所在的层次加 1。树的最大层次称为树的深度。完全二叉树指除最后一层外，每一层上的节点数均达到最大值，在最后一层上只缺少右边的若干节点。深度为 6 的满二叉树，节点个数为 $2^6-1=63$ 个，则第 7 层共有 125-63=62 个叶子节点，分别挂在第 6 层左边的 62 个节点上。加上第 6 层的最后 1 个叶子节点，该完全二叉树共有 63 个叶子节点，故 B 选项正确。

 5. C【解析】"有序"特指元素按非递减排列，即从小到大排列，但允许相邻元素相等，故 A 选项错误。有序表可以顺序存储也可以链式存储，故 B 选项错误。能使用二分法查找的线性表必须满足两个条件：用顺序存储结构、线性表是有序表，故 D 选项错误。故选择 C 选项。

6. C【解析】本题中前序遍历为 ABCDEFGH，中序遍历为 DBCEAFHG，后序遍历为 DGEBHFCA，故 C 选项正确。

7. D【解析】计算机软件由两部分组成：一是计算机可执行的程序和数据；二是计算机不可执行的，与软件开发、运行、维护、使用等有关的文档。故 D 选项正确。

8. B【解析】需求分析阶段的工作可以分为 4 个方面：需求获取、需求分析、编写需求规格说明书和需求评审。故 B 选项正确。

9. A【解析】数据独立性包括物理独立性和逻辑独立性。物理独立性是指数据的物理结构的改变，不会影响数据库的逻辑结构，也不会改变应用程序；逻辑独立性是指数据库的总体逻辑结构的改变，不会导致相应的应用程序的改变。故 A 选项正确。

10. A【解析】用于查询的 3 个操作无法用传统的集合运算表示，引入的运算为投影运算、选择运算、笛卡尔积。常用的扩充运算有交、除、连接及自然连接等。投影是指从关系模式中指定若干个属性组织成新的关系，T 相较于 R 没有缺少属性，故 B 选项错误。选择是指从关系中找出满足给定条件的元组的操作，T 相较于 R 增加了元组，故 D 选项错误。交是由既属于 R 又属于 S 的记录组成的集合，T 中元组多于 R 与 S，故 C 选项错误。并是指将 S 中的记录追加到 R 之后，与题目中结果相符，故 A 选项正确。

11. C【解析】对应于国标码，一个汉字的内码用两个字节存储，并把每个字节的最高二进制位置"1"作为汉字内码的标识，如果用十六进制来表述，就是把汉字国标码的每个字节上加一个 80H（即二进制 10000000）。所以，汉字的国标码与其内码存在下列关系：汉字的内码=汉字的国标码+8080H，故 C 选项正确。

12. B【解析】字长作为 CPU 的主要性能指标之一，主要表现在 CPU 一次能处理的二进制数据的位数，故 B 选项正确。

13. B【解析】在计算机系统软件中，最重要且最基本的软件就是操作系统。它是最底层的软件，它控制所有计算机运行的程序并管理整个计算机的资源，是计算机裸机与应用程序及用户之间的桥梁，故 B 选项正确。

14. A【解析】根据计算机病毒定义知 A 选项正确。

15. C【解析】编译程序的基本功能以及最终目标便是把源程序（高级语言）翻译成目标程序，故 C 选项正确。

16. A【解析】计算机网络的主要功能有数据通信、资源共享、分布式信息处理等；而专家系统是一个智能计算程序系统，它应用人工智能技术和计算机技术，根据某领域一个或多个专家提供的知识和经验，进行推理和判断，模拟人类专家的决策过程，以便解决那些需要人类专家处理的复杂问题，因此，不属于计算机网络的主要功能。故 A 选项正确。

计算机综合应用习题（4）

1. 下列叙述中正确的是（　　　）。
   A. 循环队列是队列的一种链式存储结构
   B. 循环队列是队列的一种顺序存储结构

    C. 循环队列是一种非线性结构

    D. 循环队列是一种逻辑结构

2. 下列关于线性链表的叙述中，正确的是（　　　）。

    A. 各数据节点的存储空间可以不连续，但它们的存储顺序与逻辑顺序必须一致

    B. 各数据节点的存储顺序与逻辑顺序可以不一致，但它们的存储空间必须连续

    C. 进行插入与删除时，不需要移动表中的元素

    D. 以上说法均不正确

3. 一棵二叉树共有 25 个节点，其中 5 个是叶子节点，则度为 1 的节点数为（　　　）。

    A. 16　　　　　　　B. 10　　　　　　　C. 6　　　　　　　D. 4

4. 在下列模式中，能够给出数据库物理存储结构与物理存取方法的是（　　　）。

    A. 外模式　　　　　B. 内模式　　　　　C. 概念模式　　　　D. 逻辑模式

5. 在满足实体完整性约束的条件下一个关系中（　　　）候选关键字。

    A. 应该有一个或多个　　　　　　　　B. 只能有一个

    C. 必须有多个　　　　　　　　　　　D. 可以没有

6. 有 3 个关系 R、S 和 T 如下

R		
A	B	C
a	1	2
b	2	1
c	3	1

S	
A	B
c	3

T
C
1

则由关系 R 和 S 得到关系 T 的操作是（　　　）。

    A. 自然连接　　　　B. 交　　　　　　　C. 除　　　　　　　D. 并

7. 下列描述中，不属于软件危机表现的是（　　　）。

    A. 软件过程不规范　　　　　　　　　B. 软件开发生产率低

    C. 软件质量难以控制　　　　　　　　D. 软件成本不断提高

8. 下面不属于需求分析阶段任务的是（　　　）。

    A. 确定软件系统的功能需求　　　　　B. 确定软件系统的性能需求

    C. 需求规格说明书评审　　　　　　　D. 制订软件集成测试计划

9. 在黑盒测试方法中，设计测试用例的主要根据是（　　　）。

    A. 程序内部逻辑　　　　　　　　　　B. 程序外部功能

    C. 程序数据结构　　　　　　　　　　D. 程序流程图

10. 在软件设计中，不需要使用的工具是（　　　）。

    A. 系统结构图　　　　　　　　　　　B. PAD 图

    C. 数据流程图（DFD）　　　　　　　D. 程序流程图

11. 下列叙述中正确的是（　　　）。

    A. 算法就是程序

    B. 设计算法时只需要考虑数据的结构设计

C. 设计算法时只需要考虑结果的可靠性

D. 设计算法时只需要考虑时间复杂度和空间复杂度

12. 在进行数据库逻辑设计时，可将 E-R 图中的属性表示为关系模式的（　　）。

    A. 属性   B. 键   C. 关系   D. 域

13. 小向使用了一部标配为 2GB RAM 的手机，因为存储空间不够，他将一张 64GB 的 Micro SD 卡插到了手机上。此时，这部手机上的 2GB 和 64GB 参数分别代表的是（　　）。

    A. 内存，内存   B. 内存，外存

    C. 外存，内存   D. 外存，外存

14. 全高清视频分辨率为 1920 像素×1080 像素 BMP 格式的图像，所需存储空间是（　　）B。

    A. 1.98M   B. 2.96M   C. 5.93M   D. 7.91M

15. 某 Word 文档中有一个 5 行×4 列的表格，如果要将另外一个文本文件中的 5 行文字拷贝到该表格中，并且使其正好成为该表格一列的内容，最优的操作方法是（　　）。

    A. 在文本文件中选中这 5 行文字，复制到剪贴板，然后回到 Word 文档中，将光标置于指定列的第一个单元格，将剪贴板的内容粘贴过来

    B. 将文本文件中的 5 行文字，一行一行的复制粘贴到 Word 文档表格对应列的 5 个单元格中

    C. 在文本文件中选中这 5 行文字，复制到剪贴板，然后回到 Word 文档中，选中表格中对应列的 5 个单元格，将剪贴板的内容粘贴过来

    D. 在文本文件中选中这 5 行文字，复制到剪贴板，然后回到 Word 文档中，选中表格，将剪贴板的内容粘贴过来

16. 在对 Word 文档工作报告修改过程中，希望在原始文档中显示其修改的内容和状态，最优的操作方法是（　　）。

    A. 利用【审阅】选项卡的批注功能，为文档中每一处需要修改的地方添加批注，将自己的意见写到批注框里

    B. 利用【插入】选项卡的文本功能，为文档中每一处需要修改的地方添加文档部件，将自己的意见写到文档部件中

    C. 利用【审阅】选项卡的修订功能，选择带"显示标记"文档修订查看方式后按下"修订"按钮，然后在文档中直接修改内容

    D. 利用【插入】选项卡的修订标记功能，为文档中每一处需要修改的地方插入修订符号，然后在文档中直接修改内容

17. 在 Excel 工作表中存放了第一中学和第二中学所有班级总计 300 个学生的考试成绩，A 列到 D 列分别对应"学校""班级""成绩"，利用公式计算第一中学 3 班的平均分，最优的操作方法是（　　）。

    A. =SUMIFS(D2:D301,A2:A301,"第一中学",B2:B301,"3 班")/COUNTIFS(A2:A301,"第一中学",B2:B301,"3 班")

    B. =SUMIFS(D2:D301,B2:B301,"3 班")/COUNTIFS(B2:B301,"3 班")

C. =AVERAGEIFS(D2:D301,A2:A301, "第一中学"，B2:B301, "3 班")

D. =AVERAGEIF(D2:D301,A2:A301,"第一中学"，B2:B301, "3 班")

18. 在 Excel 工作表中，D 列保存了 18 位身份证号码信息，为了保护个人隐私，需将身份证的第 9 到 12 位用 "*" 表示，以 D2 单元格为例，最优的操作方法是（　　　）。

A. =MID(D2,1,8)+ "* * * *",MID(DA,13,6)

B. =CONCATENATE(MID(D2,1,8), "* * * *",MID(D2,13,6))

C. REPLACE(D2,9,4, "* * * *")

D. MID(D2,9,4, "* * * *")

19. 如需将 PowerPoint 演示文稿中的 SmartArt 图形列表内容通过动画效果一次性展现出来，最优的操作方法是（　　　）。

A. 将 SmartArt 动画效果设置为 "整批发送"

B. 将 SmartArt 动画效果设置为 "一次按级别"

C. 将 SmartArt 动画效果设置为 "逐个按分支"

D. 将 SmartArt 动画效果设置为 "逐个按级别"

20. 在 PowerPoint 演示文稿中通过分节组织幻灯片，如果要选中某一节内的所有幻灯片，最优的操作方法是（　　　）。

A. 按 Ctrl+A 组合键

B. 选中该节的一张幻灯片，然后按住 Ctrl 键，逐个选中该节的其他幻灯片

C. 选中该节的一张幻灯片，然后按住 Shift 键，单击该节的最后一张幻灯片

D. 单击节标题

参考答案及解析

1. B【解析】在实际应用中，队列的顺序存储结构一般采用循环队列的形式。循环队列是一种顺序存储的线性结构。故 B 选项正确。

2. C【解析】一般来说，在线性表的链式存储结构中，各数据节点的存储序号是不连续的，并且各节点在存储空间中的位置关系与逻辑关系也不一致。线性链表中数据插入和删除都不需要移动表中的元素，只需改变节点的指针域即可。故 C 选项正确。

3. A【解析】根据二叉树的性质：在任意一个二叉树中，度为 0 的叶子节点总是比度为 2 的节点多一个，所以本题中度为 2 的节点个数是 5-1=4 个，度为 1 的节点的个数是 25-5-4=16 个。故 A 选项正确。

4. B【解析】数据库系统的三级模式是概念模式、外模式和内模式。概念模式是数据库系统中全局数据逻辑结构的描述，是全体用户的公共数据视图。外模式也称子模式或用户模式，它是用户的数据视图，给出了每个用户的局部数据描述。内模式又称为物理模式，它给出了数据库的物理存储结构与物理存取方法。故 B 选项正确。

5. A【解析】在一个关系中，候选关键字可以有多个，且在任何关系中至少有一个候选关键字。所以在满足实体完整性约束的条件下，一个关系中应该有一个或多个候选关键字。故 A 选项正确。

6. C【解析】如果 S=T/R，则 S 称为 T 除以 R 的商。在除运算中，S 的域由 T 中那些不出现在

R 中的内容所组成,对于 S 中的任意有序组,由它与关系 R 中每个有序组构成的有序组均出现在关系 T 中。故 C 选项正确。

7. A【解析】软件危机主要表现在:软件需求的增长得不到满足;软件开发成本和进度无法控制;软件质量难以保证;软件不可维护或维护程度非常低;软件的成本不断提高;软件开发生产率的提高赶不上硬件的发展和应用需求的增长。故 A 选项正确。

8. D【解析】需求分析阶段的工作包括:需求获取、需求分析、编写需求规格说明书和需求评审。故 D 选项正确。

9. B【解析】黑盒测试是对软件已经成功实现的功能是否满足需求进行的测试和验证。黑盒测试完全不用考虑程序内部的逻辑结构和内部特征,只需根据程序的需求和功能规格说明,检查程序的功能是否符合。故 B 选项正确。

10. C【解析】系统结构图是对软件系统结构总体设计的图形表示,是在概要设计阶段用到的。PAD 图是在详细设计阶段用到的。程序流程图是对程序流程的图形表示,是在详细设计过程中用到的。数据流程图是结构化分析方法使用的工具,它以图形的方式描绘数据在系统中流动和处理的过程。由于其只反映系统必须完成的逻辑功能,所以是一种功能模型,在可行性研究阶段会用到,而非在软件设计中用到。故 C 选项正确。

11. D【解析】算法是指对解决方案的准确而完整的描述,算法不等于数学上的计算方法,也不等于程序,故 A 选项错误。算法的特征有可行性、确定性、有穷性和拥有足够的情报,故 B、C 选项错误。算法的复杂度包括算法的时间复杂度和算法的空间复杂度。故 D 选项正确。

12. A【解析】在进行数据库逻辑设计时,可将 E-R 图中的属性表示为关系模式的属性,实体表示为元组,实体集表示为关系,联系表示为关系。故 A 选项正确。

13. B【解析】内存用来存储当前正在执行的数据和程序,其存取速度快但容量小;外存用来保存长期信息,其容量大,存取速度慢。故 B 选项正确。

14. C【解析】不压缩的情况下,一个像素需要占用 24bit(位)存储,因为一个 Byte(字节)为 8bit,故每像素占用 3Byte。那么 1920 像素×1080 像素就会占用 1920×1080×(24/8)Byte=6220200Byte=6075KB≈5.93MB。故 C 选项正确。

15. C【解析】执行 A 选项操作后,5 行文字都复制到表格指定列的第 1 个单元格;B 选项的一行一行复制操作比较烦琐;执行 D 选项操作,表格中的 5 列均出现 5 行文字。故 C 选项正确。

16. C【解析】当用户在修订状态下修改文档时,Word 应用程序将跟踪文档中所有内容的变化情况,同时会把用户在当前文档中修改、删除、插入的每一项内容标记下来。批注与修订不同,批注并不在原文的基础上进行修改,而是在文档页面的空白处添加相关的注释信息。故 C 选项正确。

17. C【解析】多条件求平均值可直接使用 AVERAGEIFS 函数。AVERAGEIFS 函数用于对指定区域中满足多个条件的所有单元格中的数值求算数平均值,其格式为 AVERAGEIFS(average_range, criteria_range1,criteria1,[critera_range2,criteria2],…)。average_range 为要计算平均值的实际单元格区域;criteria_range1, critera_range2 为在其中计算机关联条件的区域;criteria1,criteria2 为求平均值的条件;每个 criteria_range 的大小和形状必须与 average_range 相同,故 C 选项正确。

18. C【解析】A 选项中“+”无法实现文本连接,C 选项中函数格式不对,MID 函数只有 3 个参数。B、C 选项均能实现题目要求的操作结果,但相对于 B 选项,C 选项要简单得多。故 C 选项正确。

19．A【解析】如需将 PowerPoint 演示文稿中的 SmartArt 图形列表内容通过动画效果一次性展现出来，最优秀的操作方法是将 SmartArt 动画效果设置为"整批发送"选项，故 A 选项正确。

20．D【解析】在对幻灯片进行分节的演示文稿中，单击标题，即可选择该节下的所有幻灯片。故 D 选项正确。

计算机综合应用习题（5）

1．下列叙述中正确的是（　　）。

    A．栈是"先进先出"的线性表

    B．队列是"先进后出"的线性表

    C．循环队列是非线性结构

    D．有序线性表既可以采用顺序存储结构，也可以采用链式存储结构

2．支持子程序调用的数据结构是（　　）。

    A．栈　　　　　　B．树　　　　　C．队列　　　　　D．二叉树

3．某二叉树有 5 个度为 2 的节点，则该二叉树中的叶子节点数是（　　）。

    A．10　　　　　　B．8　　　　　C．6　　　　　D．4

4．下列排序方法中，最慢情况下比较次数最少的是（　　）。

    A．冒泡排序　　　　　　　　B．简单选择排序

    C．直接插入排序　　　　　　D．堆排序

5．软件按功能可以分为应用软件、系统软件和支撑软件（或工具软件）。下面属于应用软件是（　　）。

    A．编译软件　　　　　　　　B．操作系统

    C．教务系统管理　　　　　　D．汇编程序

6．下列叙述中错误的是（　　）。

    A．软件测试的目的是发现错误并改正错误

    B．对被调试的程序进行"错误定位"是程序调试的必要步骤

    C．程序调试通常也称为 Debug

    D．软件测试应严格执行测试计划，排除测试的随意性

7．耦合性和内聚性是度量模块独立性的两个标准，下列叙述中正确的是（　　）。

    A．提高耦合性，降低内聚性，有利于提高模块的独立性

    B．降低耦合性，提高内聚性，有利于提高模块的独立性

    C．耦合性是指一个模块内部各个元素间彼此结合的紧密程度

    D．内聚性是指模块间互相连接的紧密程度

8．数据库应用系统中的核心问题是（　　）。

    A．数据库设计　　　　　　　B．数据库系统设计

    C．数据库维护　　　　　　　D．数据库管理员培训

9．有两个关系 R、S 如下：

R		
A	B	C
a	3	2
b	0	1
c	2	1

S	
A	B
a	3
b	0
c	2

由关系 R 通过运算得到关系 S，则所使用的运算为（　　）。

    A．选择　　　　　　B．投影　　　　　　C．插入　　　　　　D．连接

10．将 E-R 图转换为关系模式时，实体和联系都可以表示为（　　）。

    A．属性　　　　　　B．键　　　　　　C．关系　　　　　　D．域

11．在 Windows 7 操作系统中，磁盘维护包括硬盘的检查、清理和碎片整理等功能，碎片整理的目的是（　　）

    A．删除磁盘小文件　　　　　　　　B．获得更多磁盘可用空间

    C．优化磁盘文件存储　　　　　　　D．改善磁盘的清洁度

12．有一种木马程序，其感染机制与 U 盘病毒的传播机制完全一样，只是感染目标计算机后它会尽量隐藏自己的踪迹，它唯一的动作就是扫描系统的文件，发现对其可能有用的敏感文件时，就将其悄悄拷贝到 U 盘上，一旦这个 U 盘插入到连接互联网的计算机上，就会将这些敏感文件自动发送到互联网上指定的计算机中，从而达到窃取信息的目的。该木马叫作（　　）。

    A．网游木马　　　B．网银木马　　　C．代理木马　　　D．摆渡木马

13．某企业为了构建网络办公环境，应为每位员工使用的计算机配备什么设备（　　）。

    A．网卡　　　　　　B．摄像头　　　　　　C．无线鼠标　　　　　　D．双显示器

14．在 Internet 中实现信息浏览查询服务的是（　　）。

    A．DNS　　　　　　B．FTP　　　　　　C．WWW　　　　　　D．ADSL

15．小华利用 Word 编辑一份书稿，出版社要求目录和正文的页码分别采用不同的格式，且均从第 1 页开始，最优的操作方法是（　　）。

    A．将目录和正文分别存在两个文档中，分别设置页码

    B．在目录与正文之间插入分节符，在不同的节中设置不同的页码

    C．在目录与正文之间插入分页符，在分页符前后设置不同的页码

    D．在 Word 中不设置页码，将其转换为 PDF 格式时再增加页码

16．小明的毕业论文分别请两位老师进行了审阅。每位老师分别通过 Word 的修订功能对该论文进行了修改。现在，小明需要将两份经过修订的文档合并为一份，最优的操作方法是（　　）。

    A．小明可以在一份修订较多的文档中，将另一份修订较少的文档修改内容手动对照补充进去

    B．请一位老师在另一位老师修订后的文档中再进行一次修订

C. 利用 Word 的合并功能，将两位老师的修订合并到一个文档中

D. 将修订较少的那部分舍弃，只保留修订较多的那份论文作为终稿

17. 小金从网站上查到了最近一次全国人口普查的数据表格，他准备将这份表格中的数据引用到 Excel 中以便进一步分析，最优的操作方法是（　　）。

A. 对照网页上的表格，直接将数据输入到 Excel 工作表中

B. 通过复制、粘贴功能，将网页上的表格复制到 Excel 工作表中

C. 通过 Excel 中的"自网站获取外部数据"功能，直接将网页上的表格导入到 Excel 工作表中

D. 先将包含表格的网页保存为.htm 或.mht 格式文件，然后在 Excel 中直接打开该文件

18. 小胡利用 Excel 对销售人员的销售额进行统计，销售工作表中已包含每位销售人员对应的产品销量，且产品销售单价为 308 元，计算每位销售人员销售额的最优操作方法是（　　）。

A. 直接通过公式"=销量×308"计算销售额

B. 将单价 308 定义名称为"单价"，然后在计算销售额的公式中引用该名称

C. 将单价 308 输入到某个单元格中，然后在计算销售额的公式中绝对引用该单元格

D. 将单价 308 输入到某个单元格中，然后在计算销售额的公式中相对引用该单元格

19. 小梅需将 PowerPoint 演示文稿内容制作成一份 Word 版本讲义，以便后续可以灵活编辑及打印，最优的操作方法是（　　）。

A. 将演示文稿另存为"大纲/RTF 文件"格式，然后在 Word 中打开

B. 在 PowerPoint 中利用"创建讲义"功能，直接创建 Word 讲义

C. 将演示文稿中的幻灯片以粘贴对象的方式一张一张复制到 Word 文档中

D. 切换到演示文稿的"大纲"视图，将大纲内容直接复制到 Word 文档中

20. 小刘正在整理公司各产品线介绍的 PowerPoint 演示文稿，因幻灯片内容较多，需进行分类管理，快速分类和管理幻灯片的最优操作方法（　　）。

A. 将演示文稿拆分成多个文档，按每个产品线生成一份独立的演示文稿

B. 为不同的产品线幻灯片分别制定不同的设计主题，以便浏览

C. 利用自定义幻灯片放映功能，将每个产品线定义为独立的放映单元

D. 利用节功能，将不同的产品线幻灯片分别定义为独立节

参考答案及解析

1. D【解析】栈是"先进后出"的线性表，所以 A 选项错误；队列是"先进先出"的线性表，所以 B 选项错误；循环队列是线性结构的线性表，所以 C 选项错误。

2. A【解析】栈支持子程序调用。栈是一种只能在一端进行插入或删除的线性表，在主程序调用子函数时，要首先保存主程序当前的状态，然后转去执行子程序，最终把子程序的执行结果返回

到主程序中调用子程序的位置，继续向下执行，这种调用符合栈的特点。故 A 选项正确。

3．C【解析】根据二叉树的基本性质 3：在任意一棵二叉树中，度为 0 的叶子节点总是比度为 2 的节点多一个，所以本题中叶子节点的个数是 5+1=6 个。故 C 选项正确。

4．D【解析】冒泡排序、简单选择排序与直接插入排序在最慢的情况下均需要比较 $n(n-1)/2$ 次，而堆排序在最慢的情况下需要比较的次数是 $n\log_2 n$。故 D 选项正确。

5．C【解析】编译软件、操作系统、汇编程序都属于系统软件，只有教务管理系统才是应用软件。故 C 选项正确。

6．A【解析】软件测试的目的是发现错误，而执行程序的过程，并不涉及改正错误，所以 A 选项错误。程序调试的基本步骤是：错误定位；修改设计和代码，以排除错误；进行回归测试，防止引进新的错误。程序调试通常称为 Debug，即排错。软件测试的基本准则有：所有测试都应追溯到需求、严格执行测试计划、排除测试的随意性、充分注意测试中的群集现象、程序员应避免检查自己的程序、穷举测试不可能、妥善保存测试计划等文件。故 A 选项正确。

7．B【解析】模块独立性是指每个模块只完成系统要求的独立子功能，并且与其他模块联系最少且简单。一般较优秀的软件设计，应尽量做到高内聚、低耦合，即减弱模块之间的耦合性和提高模块内的内聚性，这样有利于提高模块的独立性，所以 A 选项错误，B 选项正确。耦合性是模块间互相连接的紧密程度的量度，而内聚性则是指一个模块内部各个元素间彼此结合的紧密程度，所以 C、D 选项错误。

8．A【解析】数据库应用系统中的核心问题是数据库的设计。故 A 选项正确。

9．B【解析】投影运算是指对关系内的域指定可引入新的运算。本题中 S 是在原有关系 R 的内部进行的，是由 R 中原有的列组成的关系，所以使用的运算是投影。故 B 选项正确。

10．C【解析】从 E-R 图到关系模式的转换是比较直接的，实体与联系都可以表示成关系，E-R 图中的属性也可以直接转换成关系的属性。故 C 选项正确。

11．C【解析】磁盘碎片整理，就是通过系统软件或者专业的磁盘碎片整理软件对电脑磁盘长期使用过程中产生的碎片和凌乱文件重新整理，可提高电脑的整体性能和运行速度。故 C 选项正确。

12．D【解析】摆渡木马是一种间谍人员定制的特殊木马，隐蔽性、针对性很强，一般只感染特定的计算机，普通杀毒软件和木马查杀工具难以及时发现。故 D 选项正确。

13．A【解析】计算机与外界局域网的连接是通过在主机箱内插入一块网络接口板（或者是在笔记本电脑中插入一块 PCMCIA 卡）。网络接口板又称为通信适配器、网络适配器或网络接口卡，但是更多的人愿意使用更为简单的名称"网卡"。故 A 选项正确。

14．C【解析】WWW 是一种建立在 Internet 上的全球性的、交互的、动态的、多平台的、分布式的超文本、超媒体信息查询系统，也是建立在 Internet 上的网络服务。故 C 选项正确。

15．B【解析】在文档中插入分节符，不仅可以将文档内容划分为不同的页面，还可以分别针对不同的节进行页面设置操作。插入的分节符不仅将光标位置后面的内容分为新的一节，还会使该节从新的一页开始，实现了既分节又分页的目的。故 B 选项正确。

16．C【解析】利用 Word 的合并功能，可以将多个作者的修订合并到一个文档中。具体操作方法为：在【审阅】选项卡的【比较】组中单击【比较】按钮，选择【合并】选项，在打开的【合并文档】对话框中选择要合并的文档，单击【确定】按钮即可。故 C 选项正确。

17．C【解析】略。

18．B【解析】为单元格或区域指定一个名称，是实现绝对引用的方法之一。可以在公式中使用定义的名称从而实现绝对引用。可以定义为名称的对象包括：常量、单元格或单元格区域、公式。故 B 选项正确。

19．B【解析】在 PowerPoint 中利用"创建讲义"功能，可将演示文稿内容制作成一份 Word 版本讲义，以便后续可以灵活编辑及打印。具体操作方法是：选择【文件】选项卡中的【保存并发送】命令，双击【创建讲义】按钮，在弹出的【发送到 Microsoft Word】对话框中选择使用的版式，单击【确定】按钮即可。故 B 选项正确。

20．D【解析】有的演示文稿中会有大量的幻灯片，不便于管理，这时可以使用分节的功能来进行快速分类。具体操作方法是：在幻灯片浏览视图中需要进行分节的幻灯片之间右击，在弹出的快捷菜单中选择【新增节】命令，这时就会出现一个无标题节，右击，在弹出的快捷菜单中选择【重命名节】命令，将其重新命名，故 D 选项正确。

计算机综合应用习题（6）

1．下列关于栈的叙述中正确的是（　　）。

 A．栈顶元素最先能被删除   B．栈顶元素最后才能被删除

 C．栈底元素永远不能被删除   D．栈底元素最先被删除

2．下列叙述中正确的是（　　）。

 A．在栈中，栈中元素随栈底指针与栈顶指针的变化而动态变化

 B．在栈中，栈顶指针不变，栈中元素随栈底指针的变化而动态变化

 C．在栈中，栈顶指针不变，栈中元素随栈顶指针的变化而动态变化

 D．以上说法都不正确

3．某二叉树共有 7 个节点，其中叶子节点只有 1 个，则二叉树的深度为（假设根节点在第 1 层）（　　）。

 A．3   B．4   C．6   D．7

4．软件按功能可以分为应用软件、系统软件和支撑软件（或工具软件）。下面属于应用软件的是（　　）。

 A．学生成绩管理系统   B．C 语言编译程序

 C．UNIX 操作系统   D．数据库管理系统

5．结构化程序所要求的基本结构不包括（　　）。

 A．顺序结构   B．goto 跳转

 C．选择（分支）结构   D．重复（循环）结构

6．下面描述错误的是（　　）。

 A．系统总体结构图支持软件系统的详细设计

 B．软件设计是将软件需求转换为软件表示的过程

 C．数据结构与数据库设计是软件设计的任务之一

 D．PAD 图是软件详细设计的表示工具

7. 负责数据库中查询操作的数据库语言是（　　　）。

    A. 数据定义语言   B. 数据管理语言

    C. 数据操纵语言   D. 数据控制语言

8. 有 3 个关系 R、S 和 T 如下：

R

A	B	C
a	1	2
b	2	1
c	3	1

S

A	B	C
a	1	2
b	2	1
A	B	C

T

A	B	C
c	3	1

则由关系 R 和 S 得到关系 T 的操作是（　　　）。

    A. 自然连接   B. 并   C. 交   D. 差

9. 定义无符号整数类为 UINT，下面可以作为类 UINT 实例化值的是（　　　）。

    A. −369   B. 369

    C. 0.369   D. 整数集合 {1,2,3,4,5}

10. 下列不能用作存储容量单位的是（　　　）。

    A. Byte   B. GB   C. MIPS   D. KB

11. 若对音频信号以 10kHz 采样率、16 位量化精度进行数字化，则每分钟的双声道数字化声音信号产生的数据量约为（　　　）。

    A. 1.2MB   B. 1.6MB   C. 2.4MB   D. 4.8MB

12. 下列设备中，可以作为微机输入设备的是（　　　）。

    A. 打印机   B. 显示器   C. 鼠标   D. 绘图仪

13. 1MB 的存储容量相当于（　　　）。

    A. 一百万个字节   B. 2 的 10 次方个字节

    C. 2 的 20 次方个字节   D. 1000KB

14. 十进制数 60 转换成无符号二进制整数是（　　　）。

    A. 0111100   B. 0111010   C. 0111000   D. 0110110

15. 下列叙述中，正确的是（　　　）。

    A. 高级语言编写的程序可移植性差

    B. 计算机语言就是汇编语言，无非是名称不同而已

    C. 指令是由一串二进制数 0、1 组成的

    D. 用计算机语言编写的程序可读性好

16. 在 CPU 中，除了内部总线和必要的寄存器外，主要的两大部件分别是运算器和（　　　）。

    A. 控制器   B. 存储器   C. Cache   D. 编辑器

17. "千兆以太网"通常是一种高速局域网，其网络数据传输速率大约为（　　　）。

    A. 1000 位/秒   B. 1000000 位/秒

    C. 1000 字节/秒   D. 1000000 字节/秒

18. 下列关于磁道的说法中正确的是（　　　）。

    A．盘面上的磁道是一组同心圆

    B．由于每一磁道的周长不同，所以每一磁道的存储容量也不同

    C．盘面上的磁道是一条阿基米德螺线

    D．磁道的编号是最内圈为 0，并次序由内向外逐渐增大，最外圈的编号最大

19. 在 Internet 上浏览时，浏览器和 WWW 服务器之间传输网页使用的协议是（　　　）。

    A．HTTP   B．IP   C．FIP   D．SMTP

参考答案及解析

1. A【解析】栈是先进后出的数据结构，所以栈顶元素最后入栈却最先被删除。栈底元素最先入栈却最后被删除。

2. C【解析】栈是先进后出的数据结构，在整个过程中，栈底指针不变，入栈与出栈操作均由栈顶指针的变化来操作。

3. D【解析】根据二叉树的基本性质 3：在任意一棵二叉树中，度为 0 的叶子节点总是比度为 2 的节点多一个，所以本题中度为 2 的节点个数为 1-1=0 个，由此可知本题目中的二叉树每一个节点都有一个分支，所以 7 个节点共 7 层，即度为 7。

4. A【解析】略。

5. B【解析】1966 年 Boehm 和 Jacopini 证明了程序设计语言是仅仅使用顺序、选择和重复 3 种基本控制结构就足以表达出各种其他形式结构的程序设计方法。

6. A【解析】详细设计的任务是为软件结构图中（而非总体结构图中）的每一个模块确定实现算法和局部数据结构，用某种选定的表达工具表示算法和数据结构的细节，所以选择 A 选项。

7. C【解析】数据定义语言：负责数据的模式定义与数据的物理存取构建；数据操纵语言：负责数据的操纵，包括查询、增加、删除、修改等操作；数据控制语言：负责数据完整性、安全性的定义、检查以及并发控制，故障恢复等功能。故 C 选项正确。

8. D【解析】关系 T 中的元组是关系 R 中有而关系 S 中没有的元组的集合，即从关系 R 中除去与关系 S 中相同元组后得到的关系。所以做的是差运算。故 D 选项正确。

9. B【解析】只有 B 选项 369 可以用无符号来表示和存储。A 选项"-369"有负号，C 选项"0.369"是小数，都不能用无符号整数类存储。D 选项是一个整数集合，需用数组来存储。

10. C【解析】位（bit）是计算机存储信息的最小单位。存储器中所包含的存储单元的数量称为存储容量，其计算基本单位是字节（Byte），8 个二进制称为一个字节，此外还有 KB、MB、GB、TB 等。MIPS(million instruction per second，计算机每秒执行的百万指令数)是衡量计算机速度的指标。

11. C【解析】声音信号的计算公式=（采样频率 Hz×量化位数 bit×声道数）/8，单位为字节/秒，带入可得（10000Hz×16 位×2 声道）/8×60 秒=240000 字节，即 2.28MB。从本题答案选项来看，如果简化算法即可得到 2.4MB。故 C 选项正确。

12. C【解析】输出设备是计算机的终端设备，用于接收计算机数据的输出并显示，它是把各种计算结果数据或信息以数字、字符、图像、声音等形式表示出来的设备。常见的输出设备有显示

器、打印机、绘图仪、影像输出系统、语音输出系统、磁记录设备等。输入设备是向计算机输入数据和信息的设备，是计算机与用户或其他设备的桥梁，也是用户和计算机系统进行信息交换的主要装置之一。键盘、鼠标、摄像头、扫描仪、光笔、手写输入板、游戏杆、语音输入装置都属于输入设备。

13．D【解析】1MB=1024KB=2^{20}B，故 C 选项正确。

14．A【解析】用 2 整除 60，可以得到一个商和余数；再用 2 去除商，又会得到一个商和余数；如此进行，直到商为 0 停止。然后把先得到的余数作为二进制的低位有效位，后得到的余数作为二进制的高位有效位，依次排列起来，即得 0111100。故 A 选项正确。

15．C【解析】指令是由 0 和 1 组成的一串代码，它们有一定的位数，并分成若干段，各段的编码表示不同的含义。

16．A【解析】CPU 主要由运算器和控制器组成。故 A 选项正确。

17．B【解析】"千兆以太网"的网络数据传输效率大约为 1000000 位/秒。故 B 选项正确。

18．A【解析】磁盘上的磁道是一组同心圆。故 A 选项正确。

19．A【解析】在 Internet 上浏览时，浏览器和 WWW 服务器之间传输网页使用的协议是 HTTP。故 A 选项正确。

计算机综合应用习题（7）

1．一个栈的初始状态为空，现将元素 1、2、3、4、5、A、B、C、D、E 依次入栈，然后再依次出栈，则元素出栈的顺序是（　　）。

A．12345ABCDE　　　　　　　B．EDCBA54321

C．ABCDE12345　　　　　　　D．54321EDCBA

2．下列叙述中正确的是（　　）。

A．循环队列有队头和队尾两个指针，因此，循环队列是非线性结构

B．在循环队列中，只需要队头指针就能反映队列中元素的动态变化情况

C．在循环队列中，只需要队尾指针就能反映队列中元素的动态变化情况

D．循环队列中元素的个数是由队头指针和队尾指针共同决定的

3．在长度为 n 的有序线性表中进行二分查找，最坏情况下需要比较的次数是（　　）。

A．$O(n)$　　　　B．$O(n^2)$　　　　C．$O(\log_2 n)$　　　　D．$O(n\log_2 n)$

4．下列叙述中正确的是（　　）。

A．顺序存储结构的存储空间一定是连续的，链式存储结构的存储空间不一定是连续的

B．顺序存储结构只能针对线性结构，链式存储结构只能针对非线性结构

C．顺序存储结构能存储有序表，链式存储结构不能存储有序表

D．链式存储结构比顺序存储结构节省存储空间

5．数据流图中带有箭头的线段表示的是（　　）。

A．控制流　　　　B．事件驱动　　　　C．模块调用　　　　D．数据流

6. 在软件开发中，需求分析阶段可以使用的工具是（　　　）。

    A．N-S 图　　　　B．DFD 图　　　　C．PAD 图　　　　D．程序流程图

7. 在面向对象方法中，不属于"对象"基本特点的是（　　　）。

    A．一致性　　　　B．分类性　　　　C．多态性　　　　D．标识唯一性

8. 一间宿舍可住多个学生，则实体宿舍和学生之间的联系是（　　　）。

    A．一对一　　　　B．一对多　　　　C．多对一　　　　D．多对多

9. 在数据管理技术发展的 3 个阶段中，数据共享最好的是（　　　）。

    A．人工管理阶段　　　　　　　　　B．文件系统阶段

    C．数据库系统阶段　　　　　　　　D．3 个阶段相同

10. 有 3 个关系 R、S 和 T 如下：

R				S				T		
A	B			B	C			A	B	C
m	1			1	3			m	1	3
n	2			3	5					

由关系 R 和 S 通过运算得到关系 T，所使用的运算为（　　　）。

    A．笛卡尔积　　　　B．交　　　　C．并　　　　D．自然连接

11. 在计算机中，组成一个字节的二进制位位数是（　　　）。

    A．1　　　　B．2　　　　C．4　　　　D．8

12. 下列选项中属于"计算机安全设置"的是（　　　）。

    A．定期备份重要数据　　　　　　　B．不下载来路不明的软件及程序

    C．停掉 Guest 账号　　　　　　　　D．安装杀（防）毒软件

13. 下列设备组中，完全属于输入设备的一组是（　　　）。

    A．CD-ROM 驱动器、键盘、显示器

    B．绘图仪、键盘、鼠标

    C．键盘、鼠标、扫描仪

    D．打印机、键盘、鼠标

14. 下列软件中，属于系统软件的是（　　　）。

    A．航天信息系统　　　　　　　　　B．Office 2003

    C．Windows Vista　　　　　　　　　D．决策支持系统

15. 如果删除一个非零无符号二进制偶整数后的两个 0，则此数的值为原数的（　　　）。

    A．4 倍　　　　B．2 倍　　　　C．1/2　　　　D．1/4

16. 计算机硬件能直接识别、执行的语言是（　　　）。

    A．汇编语言　　　　B．计算机语言　　　　C．高级程序语言　　　　D．C++语言

17. 计算机硬件系统中最核心的部件是（　　　）。

    A．内存储器　　　　B．输入/输出设备　　　　C．CPU　　　　D．硬盘

18. 用"综合业务数字网"（又称"一线通"）接入 Internet 的优点是上网通话两不误，它的英文缩写是（　　　）。

  A. ADSL   B. ISDN   C. ISP   D. TCP

19. 计算机指令由两部分组成，它们是（　　）。

  A. 运算符和运算数   B. 操作数和结果

  C. 操作码和操作数   D. 数据和字符

20. 能保存网页地址的文件夹是（　　）。

  A. 收件箱   B. 公文包   C. 我的文档   D. 收藏夹

参考答案及解析

  1. B【解析】栈按先进后出的原则组织数据，即入栈最早的最后出栈，所以选择 B 选项。

  2. D【解析】循环队列有队头和队尾两个指针，但是循环队列仍是线性结构，所以 A 选项错误。在循环队列中，需要队头与队尾两个指针来共同反映队列中元素的动态变化情况，所以 B 与 C 选项错误，D 选项正确。

  3. C【解析】当有序线性表为顺序存储时才能用二分法查找。可以证明的是长度为 n 的有序线性表，在最慢的情况下，用二分法查找只需要 $\log_2 n$ 次，而顺序查找需要比较 n 次。故 C 选项正确。

  4. A【解析】链式存储结构既可以针对线性结构，也可以针对非线性结构，所以 B 与 C 选项错误。链式存储结构中的每个节点都由两部分组成，增加了存储空间，所以 D 选项错误。

  5. D【解析】数据流图中带箭头的线段表示的是数据流，即沿箭头方向传送数据的通道，一般在旁边标注数据流名称，故 D 选项正确。

  6. B【解析】在需求分析阶段可以使用的工具有数据流图（DFD 图）、数据字典（DD）、判定树与判定表，故 B 选项正确。

  7. A【解析】对象有如下基本特点：标识唯一性、分类性、多态性、封装性、模块独立性好，故 A 选项正确。

  8. B【解析】因为一间宿舍可以住多个学生，即多个学生住在一间宿舍中，但一个学生只能住一间宿舍，所以实体宿舍和学生之间是一对多关系，故 B 选项正确。

  9. C【解析】数据管理发展至今已经历了 3 个阶段：人工管理阶段、文件系统阶段和数据库系统阶段。其中人工管理阶段无共享、冗余度大，文件系统阶段共享性差、冗余度大，数据库系统阶段共享性好、冗余度小。

  10. D【解析】自然连接是一种特殊的等值连接，它要求两个关系中进行比较的分量必须是相同的属性组，并且在结果中把重复的属性列去掉。所以，根据 T 关系中的元组可知 R 与 S 进行的是自然连接操作，故 D 选项正确。

  11. D【解析】计算机存储器中，组成一个字节的二进制位数是 8，故 D 选项正确。

  12. C【解析】Guest 账号即所谓的来宾账号，它可以访问计算机，但受到限制。Guest 账号也为黑客入侵打开方便之门，如果不需要用到 Guest 账号，最好禁用它。

  13. C【解析】A 选项中显示器是输出设备，B 选项中绘图仪是输出设备，D 选项中打印机是输出设备，而 C 选项中均为输入设备，故 C 选项正确。

  14. C【解析】系统软件是控制和协调计算机及外部设备、支持应用软件开发和运行的系统，是无须用户干预的各种程序的集合。其主要功能是调度、监控和维护计算机系统；负责管理计算机系统中各种独立的硬件，使得它们可以协调工作。A、B、D 选项皆是应用软件，只有 Windows Vista 是系统软件。

15. D【解析】删除偶整数后的两个 0 等于前面所有位都除以 4 再相加，所以是原数的 4/1。

16. B【解析】计算机硬件能直接识别、执行的语言是计算机语言。计算机语言是使用二进制代码表示的计算机能直接识别和执行的一种计算机指令的集合。

17. C【解析】控制器和运算器是计算机硬件系统的核心部件，这两部分合成中央处理器（CPU）。

18. B【解析】综合业务数字网即 Integrated Services Digital Network，简称 ISDN。选项 A 中，ADSL 是"非对称数字用户环路"的英文缩写；选项 C 中，ISP 是"互联网服务提供商"的英文缩写；选项 D 中，TCP 是"传输控制协议"的英文缩写。

19. C【解析】计算机指令通常由操作码和操作数两部分组成。

20. D【解析】收藏夹可以保存网页地址。

计算机综合应用习题（8）

1. 下列叙述中正确的是（　　）。
   A. 算法就是程序
   B. 设计算法时只需要考虑数据结构的设计
   C. 设计算法时只需要考虑结果的可靠性
   D. 以上 3 种说法都不对

2. 下列叙述中正确的是（　　）。
   A. 有一个以上根节点的数据结构不一定是非线性结构
   B. 只有一个根节点的数据结构不一定是线性结构
   C. 循环链表是非线性结构
   D. 双向链表是非线性结构

3. 下列关于二叉树的叙述中，正确的是（　　）。
   A. 叶子节点总是比度为 2 的节点少一个
   B. 叶子节点总是比度为 2 的节点多一个
   C. 叶子节点数是度为 2 的节点数的 2 倍
   D. 度为 2 的节点数是度为 1 的节点数的 2 倍

4. 软件生命周期中的活动不包括（　　）。
   A. 市场调研　　　　　　　　　B. 需求分析
   C. 软件测试　　　　　　　　　D. 软件维护

5. 某系统总体结构图如下图所示，该系统总体结构图的深度是（　　）。
   A. 7　　　　　　　B. 6　　　　　　　C. 3　　　　　　　D. 2

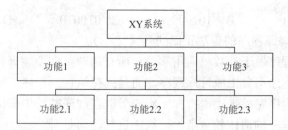

6. 程序调试的任务是（　　）。

A. 设计测试用例　　　　　　　　B. 验证程序的正确性

C. 发现程序中的错误　　　　　　D. 诊断和改正程序中的错误

7. 下列关于数据库设计的叙述中，正确的是（　　）。

A. 在需求分析阶段建立数据字典　　B. 在概念设计阶段建立数据字典

C. 在逻辑设计阶段建立数据字典　　D. 在物理设计阶段建立数据字典

8. 数据库系统的三级模式不包括（　　）。

A. 概念模式　　　B. 内模式　　　C. 外模式　　　D. 数据模式

9. 有 3 个关系 R、S 和 T 如下：

R

A	B	C
a	1	2
b	2	1
c	3	1

S

A	D
c	4

T

A	B	C	D
c	3	1	4

则由关系 R 和 S 得到关系 T 的操作是（　　）。

A. 自然连接　　　B. 交　　　　C. 投影　　　　D. 并

10. 下列选项中属于面向对象设计方法主要特征的是（　　）。

A. 继承　　　　B. 自顶向下　　　C. 模块化　　　D. 逐步求精

11. 假设某台式计算机的内存储器容量为 256MB，硬盘容量为 40GB，那么这台计算机硬盘的容量是内存容量的（　　）倍。

A. 200 倍　　　B. 160 倍　　　C. 120 倍　　　D. 100 倍

12. 一般而言，Internet 环境中的防火墙建立在（　　）。

A. 每个子网的内部　　　　　　B. 内部子网之间

C. 内部网络与外部网络的交叉点　　D. 以上 3 个都不对

13. 在微机的硬件设备中，有一种设备在程序设计中既可以当作输出设备，又可以当作输入设备，这种设备是（　　）。

A. 绘图仪　　　B. 网络摄像头　　　C. 手写笔　　　D. 磁盘驱动器

14. 下列列出的：①字处理软件；②Linux；③UNIX；④学籍管理系统；⑤Windows XP；⑥Office 2003 六个软件中，属于系统软件的有（　　）。

A. ①②③　　　B. ②③⑤　　　C. ①②③⑤　　　D. 全部都不是

15. 十进制数 18 转换成二进制数是（　　）。

A. 010101　　　B. 101000　　　C. 010010　　　D. 001010

16. 以下关于编译程序的说法正确的是（　　　）。

A. 编译程序属于计算机应用软件，所有用户都需要编译程序

B. 编译程序不会生成目标程序，而是直接执行源程序

C. 编译程序完成高级语言程序到低级语言程序的等价翻译

D. 编译程序构造比较复杂，一般不进行出错处理

17. 下列叙述中，正确的是（　　　）。

A. CPU 能直接读取硬盘上的数据

B. CPU 能直接存取内存储器上的数据

C. CPU 由内存储器、运算器和控制器组成

D. CPU 主要用于存储程序和数据

18. 若网络的各个节点通过中继器连接成一个闭合环路，则称这种拓扑结构为（　　　）。

A. 总线型拓扑　　B. 星形拓扑　　　C. 树形拓扑　　　D. 环形拓扑

19. 下列关于指令系统的描述，正确的是（　　　）。

A. 指令由操作码和控制码两部分组成

B. 指令的地址码部分可能是操作数，也可能是操作数的内存单元地址

C. 指令的地址码部分是不可缺少的

D. 指令的操作码部分描述了完成指令所需要的操作数类型

20. 若要将计算机与局域网连接，至少需要具备的硬件是（　　　）。

A. 集线器　　　　B. 网关　　　　　C. 网卡　　　　　D. 路由器

参考答案及解析

1. D【解析】算法是指对解题方案的准确而完整的描述，算法不等于程序，也不等于计算方法，所以 A 选项错误。设计算法时，不仅要考虑对数据对象的运算和操作，还要考虑算法的控制结构，所以 B、C 选项错误。

2. B【解析】线性结构应满足：有且只有一个根节点；每个节点最多有一个前件，最多有一个后件，所以 B 选项正确。有一个以上根节点的数据结构一定是非线性结构，所以 A 选项错误。循环链表和双向链表都是线性结构的数据结构，所以 C、D 选项错误。

3. B【解析】根据二叉树的基本性质 3：在任意一棵二叉树中，度为 0 的叶子节点总是比度为 2 的节点多一个，故 B 选项正确。

4. A【解析】软件生命周期可以分为软件定义、软件开发与软件运行维护 3 个阶段；主要活动包括可行性研究与计划阶段、需求分析、软件设计、软件实现、软件测试、运行和维护。

5. C【解析】从总体结构图可以看出，该树的深度为 3，如 XY 系统→功能 2→功能 2.1，就是最深的度数的一个表现。

6. D【解析】程序调试的任务是诊断和改正程序中的错误，故 D 选项正确。

7. A【解析】数据字典是在需求分析阶段建立，在数据库设计过程中不断修改、充实、完善的，

故 A 选项正确。

8．D【解析】数据库系统的三级模式是概念模式、外模式和内模式。

9．A【解析】自然连接是一种特殊的等值连接，它要求两个关系中进行比较的分量必须是相同的属性组，并且在结果中把重复的属性列去掉。所以，根据 T 关系中的元组可以判断 R 与 S 进行的是自然连接操作。

10．A【解析】面向对象设计方法的主要特征是封装、继承、多态性等，选项 B、C、D 是结构化程序设计原则，故 A 选项正确。

11．B【解析】1GB=1024MB=2^{10}MB，256MB=2^8MB，40GB÷256MB=40×2^{10}MB÷2^8MB=160，故 B 选项正确。

12．C【解析】Internet 环境中的防火墙通常建立在内部网络与外部网络的交叉点。

13．D【解析】A、B、C 选项都只能作为输入设备，磁盘驱动器的定义比较广泛，硬盘、软盘、U 盘都可称为磁盘驱动器。以 U 盘来讲，既可以向主机输入文件，又可从主机输出文件。

14．B【解析】②③⑤属于系统软件，①④⑥属于应用软件。

15．C【解析】用 2 整除 18，可以得到一个商和余数；再用 2 去除商，又会得到一个商和余数。如此进行，直到商为 0 为止。然后把先得到的余数作为二进制的低位有效位，后得到的余数作为二进制数的高位有效数，依次排列起来，即得 010010。

16．C【解析】编译程序就是把高级语言变成计算机可以识别的二进制语言，即编译程序完成高级语言程序到低级语言程序的等价翻译，故 C 选项正确。

17．B【解析】CPU 不能读取硬盘上的数据，但是能直接访问内储存器；CPU 主要包括运算器和控制器；CPU 是整个计算机的核心部件，主要用于计算机的操作，故 B 选项正确。

18．D【解析】环形拓扑结构是指各个节点通过中继器连接到一个闭合的环路上，环路中的数据沿着一个方向传输，故 D 选项正确。

19．B【解析】指令通常由操作码和操作数组成；指令的地址码部分可能是操作数，也可能是操作数的内存单元地址。

20．C【解析】网卡是构成网络所必需的基本设备；用于将计算机和通信电缆连接起来，以便使电缆在计算机中间进行高速数据传输。因此，每台连到局域网的计算机都需要安装一块网卡。

计算机综合应用习题（9）

1．下列数据结构中，属于非线性结构的是（　　）。

    A．循环队列　　　　B．带链队列　　　C．二叉树　　　　　D．带链栈

2．下列数据结构中，能够按照"先进后出"原则存放数据的是（　　）。

    A．循环队列　　　　B．栈　　　　　　　C．队列　　　　　　D．二叉树

3．对于循环队列，下列叙述中正确的是（　　）。

    A．队头指针是固定不变的

    B．队头指针一定大于队尾指针

    C．队头指针一定小于队尾指针

    D. 队头指针可以大于队尾指针，也可以小于队尾指针

4. 算法的空间复杂度是指（　　　）。

    A. 算法在执行过程中所需要的计算机存储空间

    B. 算法所处理的数据量

    C. 算法程序中的语句或指令条数

    D. 算法在执行过程中所需要的临时工作单元数

5. 下面对类-对象主要特征描述正确的是（　　　）。

    A. 对象唯一性　　　　B. 对象无关性　　　C. 类的单一性　　　D. 类的依赖性

6. 下列选项中不属于结构化程序设计原则的是（　　　）。

    A. 可封装　　　　　　B. 自顶向下　　　　　C. 模块化　　　　　D. 逐步求精

7. 软件详细设计生产图如下图所示，则该图是（　　　）。

    A. N-S 图　　　　　　B. PAD 图　　　　　　C. 程序流程图　　　D. E-R 图

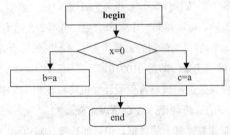

8. 数据库管理系统是（　　　）。

    A. 操作系统的一部分　　　　　　　　　B. 在操作系统支持下的系统软件

    C. 一种编译系统　　　　　　　　　　　D. 一种操作系统

9. 在 E-R 图中，用来表示实体联系的图形是（　　　）。

    A. 椭圆形　　　　　　B. 矩形　　　　　　　C. 菱形　　　　　　D. 三角形

10. 有 3 个关系 R、S 和 T 如下：

T				R				S		
A	B	C		A	B	C		A	B	C
a	1	2		d	3	2		a	1	2
b	2	1						b	2	1
c	3	1						c	3	1
								d	3	2

其中关系 T 由关系 R 和 S 通过某种操作得到，该操作为（　　　）。

    A. 选择　　　　　　　B. 投影　　　　　　　C. 交　　　　　　　D. 并

11. 20GB 的硬盘表示的容量约为（　　　）。

    A. 20 亿个字节　　　　　　　　　　　　B. 20 亿个二进制位

    C. 200 亿个字节　　　　　　　　　　　D. 200 亿个二进制位

12. 计算机安全是指计算机资产安全，即（　　　）。

A. 计算机信息系统资源不受自然有害因素的威胁和危害

B. 信息资源不受自然和人为有害因素的威胁和危害

C. 计算机硬盘系统不受人为有害因素的威胁和危害

D. 计算机信息系统资源和信息资源不受自然和人为有害因素和威胁和危害

13. 下列设备组中，完全属于计算机输出设备的一组是（　　）。

A. 喷墨打印机、显示器、键盘　　　　B. 激光打印机、键盘、鼠标

C. 键盘、鼠标、扫描仪　　　　　　　D. 打印机、绘图仪、显示器

14. 计算机软件的确切含义是（　　）。

A. 计算机程序、数据和相应文档的总和

B. 系统软件与应用软件的总和

C. 操作系统、数据库管理软件与应用软件的总和

D. 各类应用软件的总称

15. 在一个非零无符号二进制整数之后添加一个 0，则此数的值为原数的（　　）。

A. 4 倍　　　　　B. 2 倍　　　　　C. 1/2 倍　　　　　D. 1/4 倍

16. 用高级程序设计语言编写的程序（　　）。

A. 计算机能直接执行　　　　　　　B. 具有良好的可读性和可移植性

C. 执行效率高　　　　　　　　　　D. 依赖于具体计算机

17. 运算器的完整功能是进行（　　）。

A. 逻辑运算　　　　　　　　　　　B. 算术运算和逻辑运算

C. 算术运算　　　　　　　　　　　D. 逻辑运算和微积分运算

18. 以太网的拓扑结构是（　　）。

A. 星形　　　　　B. 总线型　　　　　C. 环形　　　　　D. 树形

19. 多媒体处理的是（　　）。

A. 模拟信号　　　　B. 音频信号　　　　C. 视频信号　　　　D. 数字信号

20. 上网需要在计算机上安装（　　）。

A. 数据库管理软件　　　　　　　　B. 视频播放软件

C. 浏览器软件　　　　　　　　　　D. 网络游戏软件

参考答案及解析

1. C【解析】循环队列、带链队列、带链栈都是线性结构，树是简单的非线性结构，二叉树作为树的一种也是一种非线性结构，故 C 选项正确。

2. B【解析】栈按"先进后出"的原则组织数据，队列按"先进先出"的原则组织数据，故 B 选项正确。

3. D【解析】循环队列的队头指针与队尾指针都不是固定的，会随着入队与出队操作发生变化。因为是循环利用的队列结构，所以队头指针有时大于队尾指针，有时小于队尾指针。

4. A【解析】算法的空间复杂度是指算法在执行过程中所需要的内存空间。

5. A【解析】对象的基本特点是：标识唯一性、分类性、多态性、封装性、模块独立性好。类

是具有共同属性、共同方法的对象的集合，是关于对象的抽象描述，反映属于该对象类型的所有对象的性质。对象具有的性质，类也具有。故 A 选项正确。

6. A【解析】结构化程序设计的原则包括自顶向下、逐步求精、模块化、限制使用 goto 语句。

7. C【解析】N-S 图提出了用方框图来代替传统的程序流程图，所以 A 选项错误。PAD 图是问题分析图，它是继程序流程图和方框图之后提出的又一种主要用于描述软件详细设计的图形表示工具，所以 B 选项错误。E-R 图是数据库中用于表示 E-R 模型的图示工具，所以 D 选项错误。根据图中所示表示方法可知，此图是进行软件详细设计时使用的程序流程图。

8. B【解析】数据库管理系统是数据库的机构，它是一种系统软件，负责数据库中的数据组织、数据操纵、数据维护、控制及保护和数据服务等。因此，数据库管理系统是一种在操作系统支持下的系统软件。

9. C【解析】在 E-R 图中实体集用矩形表示，属性用椭圆表示，联系用菱形表示。

10. D【解析】关系 T 中包含了关系 R 与 S 中的所有元组，所以进行的是并运算。

11. C【解析】根据换算公式 1GB=1000MB=1000×1000KB=1000×1000×1000B，可得 20GB=$2×10^{10}$B。注意：硬盘厂商通常以 1000 进位计算：1KB=1000B，1MB=1000KB，1GB=1000MB，1TB=1000GB；操作系统中，1KB=1024B，1MB=1024KB，1GB=1024MB，1TB=1024GB。

12. D【解析】我国公安部计算机管理监察司对计算机安全的定义是：计算机安全是指计算机资产安全，即计算机信息系统资源和信息资源不受自然和人为有害因素的威胁和危害。

13. D【解析】本题可采用排除法，A、B、C 选项中都有键盘，而键盘是计算机输入设备，故可排除 A、B、C 选项，而 D 选项中各设备都是输出设备，故选择 D 选项。

14. A【解析】计算机软件的含义：①运行时，能够提供所要求功能和性能的指令或计算机程序集合；②程序能够满意地处理信息的数据结构；③描述程序功能需求以及程序如何操作和使用所要求的文档，故 A 选项正确。

15. B【解析】最后位加 0 等于前面所有位都乘以 2 再相加，所以是 2 倍。

16. B【解析】高级语言必须被翻译成计算机语言后才能被计算机执行，故 A 选项错误；高级语言的执行效率低、可读性好，故 C 选项错误；高级语言不依赖于计算机，所以其可移植性好，故 B 选项正确，D 选项错误。

17. B【解析】运算器是计算机处理数据形成信息的加工厂，它的主要功能是对二进制数码进行算术运算或逻辑运算。

18. B【解析】以太网的拓扑结构是总线型。

19. D【解析】多媒体信息可以通过计算机输出界面向人们展示丰富多彩的文、图、声信息，而在计算机内部是转化成 0 和 1 的数字信号后进行处理的，故 D 选项正确。

20. C【解析】上网需要在计算机上安装浏览器软件。

计算机综合应用习题（10）

1. 下列叙述中正确的是（　　）。

A. 算法的空间复杂度与算法所处理的数据存储空间有关

B. 算法的空间复杂度是指算法程序控制的复杂程度

C. 算法的空间复杂度是指算法程序中指令的条数

D. 压缩数据存储空间不会降低算法的空间复杂度

2. 下列各组排序法中，最慢的情况下比较次数相同的是（　　）。

A. 希尔排序与堆排序　　　　　　B. 简单插入排序与希尔排序

C. 简单选择排序与堆排序　　　　D. 冒泡排序与快速排序

3. 设栈的存储空间为 S（1：50），初始状态为 top=51。现经过一系列正常的入栈与退栈操作后，top=20，则栈中的元素个数为（　　）。

A. 31　　　　　B. 30　　　　　C. 21　　　　D. 20

4. 某二叉树共有 400 个节点，其中有 100 个度为 1 的节点，则该二叉树中的叶子节点数为（　　）。

A. 149　　　　B. 150　　　　C. 151　　　D. 不存在这样的二叉树

5. 下列选项中不属于需求分析阶段工作的是（　　）。

A. 需求获取　　　　　　　　　　B. 可行性研究

C. 需求分析　　　　　　　　　　D. 撰写软件需求规格说明书

6. 软件的生命周期是指（　　）。

A. 软件的需求分析、设计与实现

B. 软件的开发与管理

C. 软件的实现与维护

D. 软件产品从提出、实现、使用维护到停止使用退役的过程

7. 在数据库的三级模式结构中，描述数据库中全体数据的全局逻辑结构和特征的是（　　）。

A. 内模式　　　B. 用户模式　　　C. 外模式　　　D. 概念模式

8. 学校中每个年级有多个班，每个班有多名学生，则实体班级和实体学生之间的联系是（　　）。

A. 一对多　　　　B. 一对一　　　　C. 多对一　　　　D. 多对多

9. 有 3 个关系 R、S 和 T 如下：

R

A	B	C
a	1	n
b	2	m
c	3	f
d	4	e

S

A	D
c	4
a	5
e	7

T

A	B	C	D
c	3	f	4
a	1	n	5

则由关系 R、S 得到关系 T 的操作是（　　）。

A. 交　　　　　　B. 投影　　　　　C. 自然连接　　　D. 并

10. 1946 年诞生的世界上公认的第一台电子计算机是（　　）。

A. UNIVAC-1　　　B. EDVAC　　　C. ENIAC　　　D. IBM560

11. 已知英文字母 m 的 ASCII 码值是 109，那么英文字母 j 的 ASCII 码值是（　　）。

  A. 111   B. 105   C. 106   D. 112

12. 用 8 位二进制数能表示的最大的无符号整数等于十进制数（   ）。

  A. 255   B. 256   C. 128   D. 127

13. 下列各组设备中，同时包括输入设备、输出设备和存储设备的是（   ）。

  A. CRT，CPU，ROM   B. 绘图仪，鼠标，键盘

  C. 鼠标，绘图仪，光盘   D. 磁带，打印机，激光印字机

14. 下列叙述中，正确的是（   ）。

  A. Word 文档不会携带计算机病毒

  B. 计算机病毒具有自我复制的能力，能迅速扩散到其他程序上

  C. 清除计算机病毒最简单的办法是删除所有感染了病毒的文件

  D. 计算机杀病毒软件可以查出和清除任何已知或未知的病毒

15. 下列叙述中错误的是（   ）。

  A. 高级语言编写的程序的可移植性最差

  B. 不同型号的计算机具有不同的计算机语言

  C. 计算机语言是由一串二进制数 0 和 1 组成的

  D. 用计算机语言编写的程序执行效率最高

16. 冯·诺依曼结构计算机的 5 大基本构件包括控制器、存储器、输入设备、输出设备和（   ）。

  A. 显示器   B. 运算器   C. 硬盘存储器   D. 鼠标

17. 计算机网络是通过通信媒体把各个独立的计算机互相连接起来而建立的系统。它实现了计算机与计算机之间的资源共享和（   ）。

  A. 屏蔽   B. 独占   C. 通信   D. 交换

18. 通常所说的计算机主机是指（   ）。

  A. CUP 和内存   B. CPU 和硬盘

  C. CPU、内存和硬盘   D. CPU、内存和 CD-ROM

19. 英文缩写 CAM 的中文意思是（   ）。

  A. 计算机辅助设计   B. 计算机辅助制造

  C. 计算机辅助教学   D. 计算机辅助管理

参考答案及解析

  1. A【解析】算法的空间复杂度是指执行这个算法所需要的内存空间，包括 3 个部分：输入数据所占的存储空间、程序本身所占的存储空间和算法执行过程中所需要的额外空间。为了降低算法的空间复杂度，通常采用压缩存储技术，以减少输入数据所占的存储空间和额外空间。

  2. D【解析】对长度为 n 的线性表，常用的排序算法最慢情况下的比较次数如下表所示。

方法	最慢情况比较次数
冒泡排序	$O(n^2)$

	续表
方法	最慢情况比较次数
简单插入排序	$O(n^2)$
简单选择排序	$O(n^2)$
快速排序	$O(n^2)$
堆排序	$O(n\log_2 n)$

上表中不包括希尔排序，因为希尔排序的时间效率与所取的增量序列有关，如果增量序列为：$d_1=n/2$，$d_{i+1}=d_i/2$。在最慢的情况下，希尔排序所需要的比较次数是 $O(n^{1.5})$。由上表可知，冒泡排序与快速排序比较次数相同。故 D 选项正确。

3．A【解析】栈是一种特殊的线性表，它所有的插入与删除都限定在表的同一端进行。入栈运算即在栈顶位置插入一个新元素，退栈运算即取出栈顶元素赋予指定变量。栈为空时，栈顶指针 top=0，经过入栈和退栈运算，指针始终指向栈顶元素。若栈顶指针初始状态为 top=51，当 top=20 时，元素依次存储在单元 20～50 中，个数为 50-19=31 个。故 A 选项正确。

4．D【解析】在树结构中，一个节点所拥有的后件个数称为该节点的度。对于任意一棵二叉树，度为 0 的节点（即叶子节点）总是比度为 2 的节点多一个。二叉树有 400 个节点，设叶子节点个数为 n_0；度为 1 的节点个数为 100，设度为 2 的节点个数为 n_2，则 $400=n_0+100+n_2$ 且 $n_0=n_2+1$，可得 $n_0=150.5$，$n_2=149.5$。由于节点个数必须是整数，所以不存在这样的二叉树。

5．B【解析】需求分析阶段对待开发软件提出的需求进行分析并给出详细定义，然后编写软件规格说明书及初步的用户手册并提交评审。这个过程可以归纳为：需求获取、需求分析、编写需求规格说明书和需求评审。可行性研究是软件生命周期第二阶段的主要任务，在需求分析之前，故选择 B 选项。

6．D【解析】通常把软件产品从提出、实现、使用、维护到停止使用、退役的过程称为软件生命周期，故 D 选项正确。

7．D【解析】数据库系统在其内部分为三级模式，即概念模式、内模式和外模式。概念模式是对数据库系统中全局数据逻辑结构的描述，是全体用户的公共数据视图。外模式也称子模式或用户模式，是用户的数据视图，也就是用户所能看见和使用的局部数据的逻辑结构和特征的描述，是与某一应用有关的数据的逻辑表示。内模式又称物理模式，是数据结构和存储方式的描述，是数据在数据库内部的表示方式。故 D 选项正确。

8．A【解析】实体集之间通过联系建立连接关系，分为 3 类：一对一联系（1:1）、一对多联系（1:m）、多对多联系（m:n）。每个班可以有多名同学，但每个学生只能在一个班级，故实体班级和实体学生的关系是一对多。

9．C【解析】交：R∩S 的结果是由既属于 R 又属于 S 的记录组成的集合。并：R∪S 是将 S 中的记录追加到 R 后面。上述两种操作中，关系 R 与 S 要求有相同的结构，故 A、D 选项错误。投影：从关系模式中指定若干个属性组成新的关系。由于 T 中含有 R 中不存在的属性，明显不可能由 R 向 S 投影得到 T，故 B 选项错误。自然连接：去掉重复属性的等值连接。R 与 S 的重复性是 A，等值元组为 a 和 c，进行自连接得到的两个元组按照属性 A、B、C、D 的顺序为 c、3、4、f 与 a、1、5、n，正好是题目中的关系 T。

10．C【解析】1946 年 2 月 14 日，世界上第一台电子计算机 ENIAC 在美国宾夕法尼亚大学诞生。

11．C【解析】英文字母 m 的 ASCII 码值是 109，j 比 m 小 3，所有 j 的 ASCII 码值是 109-3=106，故 C 选项正确。

12．A【解析】用 8 位二进制数能表示的最大的无符号整数是 11111111，转化为十进制整数是 $2^8-1=255$。

13．C【解析】鼠标是输入设备，绘图仪是输出设备，光盘是存储设备，故 C 选项正确。

14．B【解析】计算机病毒在运行时，具有传染性，能够主动地将自身的复制品或变种传染到其他未染毒的程序上，故 B 选项正确。

15．A【解析】不同型号的计算机具有不同的计算机语言，计算机语言是由一串二进制数 0 和 1 组成的，用计算机语言编写的程序执行效率最高，故选择 A 选项。

16．B【解析】冯·诺依曼结构计算机包括控制器、运算器、存储器、输入设备和输出设备 5 大基本构件，故 B 选项正确。

17．C【解析】计算机网络是把各个独立的计算机互相连接起来而建立的系统。它实现了计算机与计算机之间的资源共享和通信，故 C 选项正确。

18．A【解析】计算机的主机通常指 CPU 和内存，故 A 选项正确。

19．B【解析】CAM 是计算机辅助制造（Computer Aided Manufacturing）的英文缩写。

计算机综合应用习题（11）

1．下列叙述中正确的是（　　）。
  A．数据的存储结构会影响算法效率
  B．算法设计只需考虑结果的可靠性
  C．算法复杂度是指算法控制结构的复杂程度
  D．算法复杂度是用算法中指令的条数来度量的

2．设数据集合为 D={1,2,3,4,5}，下列数据结构 B=（D,R）中为非线性结构的是（　　）。
  A．R={(1,2)，(2,3)，(3,4)，(4,5)}
  B．R={(1,2)，(2,3)，(4,3)，(3,5)}
  C．R={(5,4)，(4,3)，(3,2)，(2,1)}
  D．R={(2,5)，(5,4)，(3,2)，(4,3)}

3．某二叉树共有 150 个节点，其中有 50 个度为 1 的节点，则（　　）。
  A．不存在这样的二叉树　　　　　　　　B．该二叉树有 49 个叶子节点
  C．该二叉树有 50 个叶子节点　　　　　D．该二叉树有 51 个叶子节点

4．循环队列的存储空间为 Q（1：50），初始状态为 front=rear=50。经过一系列正常的入队和退队操作后，front=rear=25，此后又正常的插入了一个元素，则循环队列中的元素个数为（　　）。
  A．51　　　　　　　B．50　　　　　　　C．49　　　　　　　D．1

5. 下列排序方法中,最慢情况下的时间复杂度(即比较次数)低于 $O(n^2)$ 的是(   )。

    A. 快速排序　　　　B. 简单插入排序　　　C. 冒泡排序　　　　D. 堆排序

6. 下面描述正确的是(   )。

    A. 软件测试是指动态测试

    B. 软件测试可以随机地选取测试数据

    C. 软件测试是保证软件质量的重要手段

    D. 软件测试的目的是发现和改正错误

7. 下列选项中,属于软件设计建模工具的是(   )。

    A. DFD 图(数据流程图)　　　　　　B. 程序流程图(PFD 图)

    C. 用例图(USE_CASE 图)　　　　　D. 网络工程图

8. 数据库(DB)、数据库系统(DBS)和数据库管理系统(DBMS)之间的关系是(   )。

    A. DB 包括 DBS 和 DBMS　　　　　B. DBMS 包括 DB 和 DBS

    C. DBS 包括 DB 和 DBMS　　　　　D. DBS、DB 和 DBMS 相互独立

9. 1GB 的准确值是(   )。

    A. 1024×1024B　　　B. 1024KB　　　C. 1024MB　　　D. 1000×1000KB

10. 下列 4 种存储器中,存储速度最快的是(   )。

    A. 硬盘　　　　　　B. RAM　　　　　C. U 盘　　　　　D. CD-ROM

11. 从用户的观点看,操作系统(   )。

    A. 是用户与计算机之间的接口

    B. 控制和管理计算机资源软件

    C. 合理地组织计算机工作流程的软件

    D. 是由若干层次的程序按照一定的结构组成的有机体

12. 下列软件中,属于系统软件的是(   )。

    A. 用 C 语言编写的求解一元二次方程的程序

    B. Windows 操作系统

    C. 用汇编语言编写的一个联系程序

    D. 工资管理软件

13. 下列各进制的整数中,值最小的是(   )。

    A. 十进制数 11　　　　　　　　　　B. 八进制数 11

    C. 十六进制数 11　　　　　　　　　D. 二进制数 11

14. 编译程序的最终目标是(   )。

    A. 发现源程序中的语法错误

    B. 改正源程序中的语法错误

    C. 将源程序编译为目标程序

    D. 将某一高级语言程序编译成另一高级语言程序

15. 在 CD 光盘上标记有"CD-RW"字样,"RW"标记表明该光盘是(   )。

    A. 只能写入一次,可以反复读出的一次性写入光盘

    B. 可多次擦除型光盘

C．只能读出，不能写入的只读光盘

D．其驱动器是单倍速为 1350KB/s 的高密度可读写光盘

16．在计算机网络中，所有的计算机均连接到一条通信传输线路上，该线路两端连有防止信号反射的装置，这种连接结构被称为（　　　　）。

A．总线结构　　　B．星形结构　　　C．环形结构　　　D．网状结构

17．微型计算机完成一个基本运算或判断的前提是中央处理器执行一条（　　　）。

A．命令　　　　　B．指令　　　　　C．程序　　　　　D．语句

18．在 Internet 为人们提供的多种服务项目中，最常用的是在各 Internet 站点之间漫游、浏览文本、图形和声音等各种信息，这项服务称为（　　　　）。

A．电子邮件　　　B．网络新闻组　　　C．文件传输　　　D．WWW

参考答案及解析

1．A【解析】算法的基本特征包括可行性、确定性、有穷性和足够的初始信息，因此算法的设计必须考虑到算法的复杂度，故 B 选项错误。算法的复杂度是指该算法所需要的计算机资源，即时间和空间资源，也即时间复杂度和空间复杂度。算法控制结构在具体实现中影响程序执行时间，但与算法复杂度无关，故 C 选项错误。算法的时间复杂度是用算法所执行的基本运算次数来度量的，而不是算法中指令的条数，故 D 选项错误。数据的存储结构与算法的复杂度有关，会影响算法的效率，故 A 选项正确。

2．B【解析】一个非空的数据结构如果满足以下两个条件：有且只有一个节点；每一个节点最多有一个前件，也最多有一个后件，称为线性结构。不同时满足以上两个条件的数据结构称为线性结构。在 B 选项中，由（2,3）、（4,3）可知，节点 3 有两个前件 2 和 4，为非线性结构。

3．A【解析】在树的结构中，一个节点所拥有的后件个数称为该节点的度。任意一棵二叉树，度为 0 的节点（即叶子节点）总是比度为 2 的节点多一个。二叉树有 150 个节点，设叶子结点个数为 n_0；度为 1 的节点个数为 50,设度为 2 的节点个数为 n_2，则 $150=n_0+50+n_2$ 且 $n_0=n_2+1$，可得 $n_0=50.5$,$n_2=49.5$。由于结点个数必须是整数，所以不存在这样的二叉树。

4．D【解析】循环队列是队列的一种顺序存储结构，用队尾指针 rear 指向队列中的队尾元素，用队头指针 front 指向队头元素的前一个位置。入队运算时，队尾指针进 1（即 rear+1），然后在 rear 指针指向的位置插入新元素。当 front=rear=25 时，可知队列空或者队列满，此后又正常的插入了一个元素说明之前队列为空，所以插入操作之后队列里只有一个元素。

5．D【解析】略。

6．C【解析】软件测试有多种方法，根据软件是否需要被执行，可以分为静态测试和动态测试，故 A 选项错误。软件测试应在测试之前指定测试计划，并严格执行，排除测试随意性，并且需要设计正确的测试用例，故 B 选项错误。软件测试就是在软件测试投入运行之前，尽可能多地发现软件中的错误，改正错误是调试的过程，故 D 选项错误。软件测试是保证软件质量的重要手段，故 C 选项正确。

7．B【解析】结构化分析方法常用的工具有数据流程图（DFD）、判定表、数据字典（DD）、判定树。常用的过程设计建模工具有：图形工具（PFD 图、N-S 图、PAD 图、HIPO）、表格工具（判

定表）、语言工具（PDL）。用例图（USE_CASE 图）用于对系统、子系统或类的功能行为进行建模，网络工程师用其进行网络设备布线。选项中，属于软件设计建模工具的是 B 选项程序流程图。

8. C【解析】数据库（DB）是指长期存储在计算机内的、有组织的、可共享的数据集合。数据库管理系统是数据库的机构，它是一个系统软件，负责数据库中的数据组织、数据操作、数据维护、数据控制及保护和数据服务等。数据库系统由以下几部分组成：数据库、数据库管理系统、数据库管理员、硬件平台、软件平台，这些构成了一个以数据库管理系统为核心的完整的运行实体。数据库系统包括数据库与数据管理系统，故 C 选项正确。

9. C【解析】1GB=1024MB=1024×1024KB=1024×1024×1024B。

10. B【解析】选项 A 是计算机的组成部分，系统和各种软件的存放媒介，存储速度较快；选项 B 用于数据的预先提取和保存，存储速度很快；选项 C 作为一种外部设备，可以进行长期存放，存储速度慢；选项 D 只能进行读取操作，不能保存数据，存储速度一般。

11. A【解析】从用户的观点看，操作系统是用户与计算机之间的接口。

12. B【解析】选项 A、C、D 皆属于应用软件，选项 B 属于系统软件，故 B 选项正确。

13. D【解析】把 4 个选项都转为十进制数，八进制数 11 转换为十进制数是 9（$1×8^1+1×8^0=9$），十六进制数 11 转换为十进制数是 17（$1×16^1+1×16^0=17$），二进制数 11 转换为十进制数是 3（$1×2^1+1×2^0=3$），故 D 选项正确。

14. C【解析】编译程序也叫编译系统，是把用高级语言编写的面向过程的源程序翻译成目标程序的语言处理程序，故 C 选项正确。

15. B【解析】CD-RW 是可擦写型光盘，用户可以多次进行读、写。

16. A【解析】总线结构是指所有的计算机均连接到一条通信传输线路上，在线路两端连有防止信号反射装置的一种连接结构，故 A 选项正确。

17. B【解析】微型计算机完成一个基本运算或判断的前提是中央处理器执行一条指令，故 B 选项正确。

18. D【解析】WWW 是最常用的在各 Internet 站点之间漫游、浏览文本、图形和声音等各种信息的一种网络服务，故 D 选项正确。

计算机综合应用习题（12）

1. 程序流程图中带有箭头的线段表示的是（   ）。
   A. 图元关系　　　　B. 数据流　　　　C. 控制流　　　　D. 调用关系
2. 结构化程序设计的基本原则不包括（   ）。
   A. 多态性　　　　B. 自顶向下　　　　C. 模块化　　　　D. 逐步求精
3. 软件设计中模块划分应遵循的准则是（   ）。
   A. 低内聚低耦合　　　　　　　　　B. 高内聚低耦合
   C. 低内聚高耦合　　　　　　　　　D. 高内聚高耦合
4. 在软件开发中，需求分析阶段产生的主要文档是（   ）。
   A. 可行性分析报告　　　　　　　　B. 软件需求规格说明书

    C．概要设计说明书   D．集成测试计划

5．算法的有穷性是指（　　　　）。

    A．算法程序的运行时间是有限的

    B．算法程序所处理的数据量是有限的

    C．算法程序的长度是有限的

    D．算法只能被有限的程序使用

6．对长度为 n 的线性表排序，在最慢的情况下，比较次数不是 $n(n-1)/2$ 的排序方法是（　　　　）。

    A．快速排序   B．冒泡排序

    C．直接插入排序   D．堆排序

7．下列关于栈的叙述正确的是（　　　　）。

    A．栈按"先进先出"组织数据   B．栈按"先进后出"组织数据

    C．只能在栈底插入数据   D．不能删除数据

8．在数据库设计中，将 E-R 图转换成关系数据模型的过程属于（　　　　）。

    A．需求分析阶段   B．概念设计阶段

    C．逻辑设计阶段   D．物理设计阶段

9．有 3 个关系 R、S 和 T 如下：

R			S			T		
B	C	D	B	C	D	B	C	D
f	3	h2	a	0	k1	a	0'	k1
a	0	k1				b	1	n1
n	2	x1						

由关系 R 和 S 通过运算得到关系 T，所使用的运算为（　　　　）。

    A．并   B．自然连接   C．笛卡尔积   D．交

10．下列关于 ASCII 码的叙述中，正确的是（　　　　）。

    A．一个字符的标准 ASCII 码占一个字节，其最高二进制位总为 1

    B．所有大写英文字母的 ASCII 码值都小于小写英文字母 a 的 ASCII 码值

    C．所有大写英文字母的 ASCII 码值都大于小写英文字母 a 的 ASCII 码值

    D．标准 ASCII 码表有 256 个不同的字符编码

11．CPU 的主要技术性能指标有（　　　　）。

    A．字长、主频和运算速度   B．可靠性和精度

    C．耗电量和效率   D．冷却效率

12．计算机系统软件中，最基本、最核心的软件是（　　　　）。

    A．操作系统   B．数据库管理系统

    C．程序语言处理系统   D．系统维护工具

13．下列关于计算机病毒的叙述中，正确的是（　　　　）。

    A．反病毒软件可以查杀任何类的病毒

B．计算机病毒是一种被破坏了的程序

C．反病毒软件必须随着新病毒的出现而升级，以提高查杀病毒的功能

D．感染过计算机病毒的计算机具有对该病毒的免疫性

14．高级程序设计语言的特点是（　　　）。

A．数据结构丰富

B．与具体的计算机结构密切相关

C．接近算法语言，不易掌握

D．计算机可立即执行用高级语言编写的程序

15．计算机的系统总线是计算机各部件间传递信息的公共通道，它分为（　　　）。

A．数据总线和控制总线　　　　　　　B．地址总线和数据总线

C．数据总线、控制总线和地址总线　　D．地址总线和控制总线

16．计算机网络的目标是实现（　　　）。

A．数据处理　　　　　　　　　　　　B．文献检索

C．资源共享和信息传输　　　　　　　D．信息传输

17．当电源关闭后，下列关于存储器的说法中，正确的是（　　　）。

A．存储在 RAM 中的数据不会丢失

B．存储在 ROM 中的数据不会丢失

C．存储在 U 盘中的数据会全部丢失

D．存储在硬盘中的数据会丢失

18．某域名为 bit.edu.cn，根据域名代码的规定，此域名表示（　　　）。

A．教育机构　　　　B．商业组织　　　　C．军事部门　　　　D．政府机关

参考答案及解析

1．C【解析】在数据流程图中，用标有名字的箭头表示数据流。在程序流程图中，用标有名字的箭头表示控制流。故选项 C 正确。

2．A【解析】结构化程序设计的思想包括自顶向下、逐步求精、模块化、限制使用 goto 语句。故选择 A 选项。

3．B【解析】软件设计中模块划分应遵循的准则是高内聚低耦合、模块大小规模适当、模块的依赖关系适当等。模块的划分应遵循一定的要求，以保证模块划分合理，开发出的软件系统可靠性强，易于理解和维护。因此模块之间的耦合应尽可能低，内聚应尽可能高。故 B 选项正确。

4．B【解析】可行性分析报告是可行性分析阶段产生的文档。概要设计说明书是总体设计阶段产生的文档。需求规格说明书是需求分析阶段产生的文档，它是后续工作如设计、编码等的重要参考文档。故 B 选项正确。

5．A【解析】算法原则上能够精确地运行，而且人们用笔和纸做有限次运算后即可完成。有穷性是指算法程序的运行时间是有限的。故选择 A 选项。

6．D【解析】在最慢的情况下，除了堆排序算法的比较次数是 $n\log_2 n$，其他的都是 $n(n-1)/2$。

7．B【解析】栈是按"先进后出"的原则组织数据的，数据的插入和删除都在栈顶进行操作。

故 B 选项正确。

8. C【解析】将 E-R 图转换成关系数据模型是指把图形分析出来的联系反映到数据库中，即设计出表，所以属于逻辑设计阶段，故 C 选项正确。

9. D【解析】自然连接是一种特殊的等值连接，它要求两个关系中进行比较的分量必须是相同的属性组，并且在结构中把重复的属性列去掉，所以 B 选项错误。笛卡尔积是用 R 集合中元素为第一元素，S 集合中元素为第二元素构成的有序对，所以 C 选项错误。根据关系 T，可以很明显地看出，T 中的元组是即属于 R 又属于 S 的关系组，所以使用的是交运算，故选择 D 选项。

10. B【解析】国际通用的 ASCII 码为 7 位，且最高位不总为 1；所有大写字母的 ASCII 码都小于小写字母 a 的 ASCII 码值；标准 ASCII 码表有 128 个不同的字符编码。故 B 选项正确。

11. A【解析】CPU 的主要技术性能指标有字长、时钟主频、运算速度、储存容量和存取周期等，故选择 A 选项。

12. A【解析】系统软件的核心是操作系统，计算机软件都以操作系统为平台。软件系统由系统软件、支撑软件和应用软件组成，包括操作系统、语言处理系统、数据库系统、分布式软件系统和人机交互系统等。操作系统用于管理计算机的资源和控制程序的运行。语言处理系统用于处理软件语言，如编译程序等。数据库系统用于支持数据管理和存取，包括数据库、数据库管理系统等。数据库是常驻在计算机系统内的一组数据，它们之间的关系用数据模式来定义，并用数据定义语言来描述。数据库管理系统用于将数据作为抽象项进行存取、使用和修改。

13. C【解析】反病毒软件并不能查杀全部病毒，故 A 选项错误；计算机病毒是具有破坏性的程序，故 B 选项错误；计算机本身对计算机病毒没有免疫性，故 D 选项错误。

14. A【解析】高级程序设计语言具有以下特点：提供了丰富的数据结构和控制结构，提高了问题的表达能力，降低了程序的复杂性，故选择 A 选项。

15. C【解析】系统总线上传送的信息包括数据信息、地址信息和控制信息，因此，系统总线包括 3 种不同功能的总线，即数据总线（DB）、地址总线和控制总线（CB），故 C 选项正确。

16. C【解析】计算机网络是指将地理位置不同的、具有独立性功能的多台计算机及其外部设备，通过通信线路连接起来，在网络操作系统、网络管理软件及网络通信协议的管理和协调下，实现资源共享和信息传递，故 A 选项正确。

17. B【解析】电源关闭后，存储在 RAM 中的数据会丢失，储存在 ROM 中的数据不会丢失；U 盘与硬盘都是外存储器，断电后数据不会丢失，故选择 B 选项。

18. A【解析】教育机构的域名代码是 edu，商业组织的域名代码是 com，军事部门的域名代码是 mil，政府机关的域名代码是 gov，故 A 选项正确。

参 考 文 献

董卫军，邢为民，索琦，2012. 大学文科计算机基础[M]. 北京：科学出版社.

董卫军，邢为民，索琦，2014. 计算机导论：以计算思维为导向[M]. 2 版. 北京：电子工业出版社.

龚沛曾，杨志强，肖杨，2013. 大学计算机[M]. 6 版. 北京：高等教育出版社.

刘瑞新，2014. 大学计算机基础：Windows 7+Office 2010[M]. 北京：机械工业出版社.

刘新辉，2011. 计算机应用案例教程[M]. 西安：西安电子科技大学出版社.

吕英华，2014. 大学计算机基础教程：Windows 7+Office 2010[M]. 北京：人民邮电出版社.

唐培和，徐奕奕，2015. 计算思维：计算学科导论[M]. 北京：电子工业出版社.

温秀梅，祁爱华，刘晓群，2014. 大学信息技术基础教程：Windows 7+Office 2010[M]. 北京：清华大学出版社.

邹承俊，周洪林，2014. 计算机应用基础项目化教程：Windows 7+Office 2010[M]. 北京：中国水利水电出版社.